Die bessere Ausnutzung

der

Gewässer und der Wasserkräfte.

Auf Veranlassung des

Vereines deutscher Ingenieure im Jahre 1888 in Aachen und Breslau

gehaltene Vorträge

von

O. Intze,

Professor an der technischen Hochschule in Aachen.

Nach stenographischen Aufzeichnungen.

Springer-Verlag Berlin Heidelberg GmbH
1889.

Additional material to this book can be downloaded from http://extras.springer.com.

ISBN 978-3-662-32459-2   ISBN 978-3-662-33286-3 (eBook)
DOI 10.1007/978-3-662-33286-3

Sonder-Abdruck
aus der
Zeitschrift des Vereines deutscher Ingenieure.
1888.

Ueber

die bessere Ausnutzung der Gewässer

und der Wasserkräfte

und über

die Mittel zur Verminderung der Wasserschäden.

Vortrag

gehalten in der Sitzung des

Aachener Bezirksvereines deutscher Ingenieure

vom 2. Mai 1888.

Hochgeehrte Versammlung! Im Jahre 1882 wurde zunächst vom Hauptvereine deutscher Ingenieure in Magdeburg eine Kommission ernannt, welche die Frage prüfen sollte, in welcher Weise die natürlichen Wasserkräfte am besten auszunutzen, und andererseits, wie den Wasserschäden möglichst zu begegnen sei. In folge dieser Anregung wählte auch der Aachener Bezirksverein eine Kommission, die sich in dieser Richtung zu beschäftigen hatte. Bisher haben die Herren Vereinsmitglieder von deren Thätigkeit noch nichts gehört, und ich muss Ihnen zunächst erläutern, welche Gründe dies veranlasst haben. Die Frage ist von so aufserordentlicher Wichtigkeit, dass es wohl notwendig erscheint, für deren Behandlung ein recht reichhaltiges Material zur Verfügung zu haben. Damals nun, als die Frage durch einen von mir in Magdeburg gehaltenen Vortrag in Anregung gebracht wurde, lag nur Beobachtungsmaterial vor, welches schon allgemein bekannt war, und dies dürftige Material gab keine bestimmten Zahlen. Daher lag es mir zunächst ob, einiges Zahlenmaterial darüber zu sammeln, welchen Schaden einerseits das Wasser anrichtet, und welcher Nutzen andererseits aus dem Wasser zu ziehen ist. Es ist mir erst in jüngster Zeit möglich geworden, ausgiebigeres Material zu gewinnen, und zugleich ist neuerdings wiederum von verschiedenen Seiten, besonders

auch durch den Bezirksverein an der Lenne die Frage als
wichtig bezeichnet, auch von dem Herrn Minister für Handel
und Gewerbe eine Enquête darüber veranlasst worden, ob es
wünschenswert erscheint, ein Zwangsgenossenschaftsgesetz für
die Anlage von Sammelbecken zu industriellen Zwecken zu
schaffen, wie ein ähnliches Gesetz mit Beitrittszwang für Ent-
und Bewässerungen von Ländereien seit 1879 besteht und
sehr segensreich gewirkt hat.

Mit Rücksicht darauf erscheint es mir nunmehr an der
Tagesordnung, der Erörterung der beregten Frage auch im
Aachener Bezirksverein näher zu treten. Ich bitte im voraus
um Ihre Geduld, wenn ich gezwungen sein werde, hierbei
zuweilen weiter auszugreifen.

Wir müssen zunächst auf die meteorologischen Erscheinungen zurückgreifen, die uns das Wasser bringen. Wir
wissen, dass das Wasser auf der grofsen Oberfläche, welche
die Meere bieten, verdunstet, durch die Winde weitergeführt
wird und sich schliefslich wieder, besonders an den Höhenzügen, niederschlägt. Es läuft dann zusammen zu Quellen
und Bächen, bildet Flüsse und kehrt so zum Meere zurück.
Auf diesem Kreislaufe werden wir dasjenige begünstigen, was
uns Vorteil bringt, dasjenige zu verhindern streben, was uns
schadet. Hierzu ist es nötig, zu erkennen, in welcher Verteilung die Wassermassen kommen und gehen. Ich darf vor-
weg behaupten — und alle Hydrotekten werden es mir be-
stetigen —, dass wir leider in bezug auf die Mengenverhält-
nisse recht wenig unterrichtet sind, besonders in einzelnen
Gegenden, trotz der zahlreich vorhandenen meteorologischen
Stationen. Sorgfältige Beobachtungen in den verschiedenen
Flussgebieten über die Mengen des ablaufenden Wassers
sind unter allen Umständen erforderlich.

Die Niederschläge finden, wie gesagt, hauptsächlich dort
statt, wo Höhenzüge sich der Luftströmung entgegenstellen.
Ferner sind darauf von Einfluss die Winde, die dadurch, dass
die mit Feuchtigkeit gesättigten Luftströmungen verschiedener
Temperaturen aufeinander treffen, die Verdichtung eines Teiles
des Wasserdampfes bewirken. Was die zeitliche Verteilung

der Niederschlagsmengen für denselben Ort anbelangt, so glaubt man 11jährige Perioden feststellen zu können, innerhalb deren ein Maximum und ein Minimum herrscht. Oertlich verteilt sich die Regenmenge ganz aufserordentlich verschieden, wie folgende Zahlen beweisen. Die jährliche Regenhöhe beträgt für Sigmaringen 374 mm, für Prag 390 mm hingegen im Böhmerwald im Niederschlagsgebiet der Elbe bei Rehberg 1687 mm, ferner in Mülhausen 413 mm, in Poel (Mecklb.) 414 mm, in Breslau 400 mm, in Clausthal 1427 mm, am Brocken 1293 mm, in ganz Deutschland im mittel 710 mm.

Die gröfste Niederschlagsmenge ist nördlich von Calcutta am Abhange des Himalaya beobachtet worden, und zwar mit 14 200 mm!

Die Unterschiede sind, wie Sie sehen, sehr grofs. Diese spitzen sich in manchen Gebieten aufserordentlich zu, und so ist auch gerade unsere Gegend eine solche, die an einzelnen Punkten sehr reich an Niederschlägen ist. Hauptsächlich die Winde, die aus Westen oder Nordwesten kommen, sind bei uns Träger der Feuchtigkeit; und gerade diese treffen, wie ein Blick auf die Fluss- und Gebirgskarte von Deutschland lehrt, an der Grenze der nordwestdeutschen Tiefebene auf eine Reihe von Höhenzügen, das hohe Venn, die Eifelberge, das Bergische Land, den Teutoburger Wald, den Brocken usw. Auf dieser ganzen Strecke haben wir daher im allgemeinen — einzelne Beobachtungen fehlen auch hier noch — gewaltige Niederschläge. Starke Niederschläge müssen naturgemäfs grofse Abflussmengen nach sich ziehen, und dementsprechend ergiefsen sich gerade in unserem westlichen Deutschland aus den Gebirgsthälern zeitweise ganz ungeahnte Wassermassen. Eine solche regenreiche Gegend in dem Zuflussgebiete eines Stromes kommt dann natürlich für dessen ganzen weiteren Lauf in betracht.

Für Schweden und Norwegen, um noch ein Beispiel anzuführen, zeigt sich im letzteren, also dem westlich gelegenen Lande besonders an den Küsten ein aufserordentlicher Niederschlag, während in dem ersteren nur verhältnismäfsig kleine Regenmengen fallen. Die vom Meere kommenden Westwinde geben ihre Feuchtigkeit schon an der norwegischen Küste ab und sind dann, wenn sie Schweden erreichen, von Wasserdampf entsättigt.

Ich möchte noch einige zahlenmäfsige Angaben machen, die ich für meine Untersuchungen feststellen musste. Für Remscheid, Lennep und Elberfeld betragen die Niederschlagsmengen aus 5jährigen Beobachtungen von 1882 bis 1887:

in Elberfeld von 754 mm bis 1175 mm, im mittel 906 mm;
in Lennep von 1066 mm bis 1663 mm, im mittel 1308 mm;
in Remscheid von 1117 mm bis 2072 mm, im mittel 1517 mm.

Wir sehen also ganz bedeutende Niederschlagsmengen, welche in Verbindung mit dem wenig durchlässigen Boden gewaltige Anschwellungen hervorrufen. In Remscheid und Lennep betrug die Regenhöhe für die 4 Wintermonate:

	in Lennep	in Remscheid
1882/83 —	632 mm	852 mm
1883/84 —	677 »	871 »
1884/85 —	648 »	517 »
1885/86 —	597 »	823 »
1886/87 —	439 »	466 »
1887/88 —	534 »	{ 491 » in gröfserer Höhe. { 468 » im Eschbachthale.

Hieraus ergiebt sich, dass in diesem Zeitraume weit gröfsere Mengen als in einem ganzen Jahre in Böhmen niedergefallen sind.

Interessant ist der Vergleich der Regenmengen in diesem Jahre für Köln und Remscheid. In Köln betrug die Regenhöhe vom 1. Februar bis einschl. 24. April 131 mm, in Remscheid dagegen 311,9 mm oder 317,7 mm, je nachdem im Thale oder auf der Höhe beobachtet wurde, also fast die dreifache Menge wie in Köln.

So interessant und wichtig nun auch diese Beobachtungen der Niederschlagsmengen sind, so wenig können diese allein dem Hydrotekten nützen, da er wissen muss, mit welchen

Wassermassen im Flusse er es zu thun hat. Was diese Messungen anbetrifft, so sind sie zur Zeit noch sehr wenig ausgedehnt. Nach Schätzung nimmt man an, dass die gesammte Abflusshöhe für ganz Deutschland 336 mm beträgt, während die gesammte Regenhöhe 710 mm erreicht. Hieraus ergiebt sich, dass für ein Gesammt-Niederschlagsgebiet Deutschlands von 54 200 000 ha im mittel etwa 5700 cbm sekundlich aus Deutschland abfliefsen. Im Gebirge fällt das 2- bis 3fache Quantum von dem in der Ebene, und das Verhältnis der Abflussmengen zu den Niederschlagsmengen steigt, so dass hier auf die Flächeneinheit der Abfluss das 4- bis 6fache und mehr desjenigen im flachen Lande betragen dürfte. Erst jetzt fängt man an, genaue Beobachtungen hierüber anzustellen. Frankreich ist in dieser Beziehung voraufgegangen, darauf folgten Böhmen, Baden und Württemberg, wo besondere Stationen errichtet sind, die von Hydrotekten geleitet werden. Grebenau musste leider im Jahre 1871 in seinem Berichte über die Korrektionen des Rheinstromes sagen: »Beim Druck dieses Berichtes muss der Verfasser die Thatsache konstatiren, dass leider noch bis heute von keinem gröfseren deutschen Staate systematische Untersuchungen der Flüsse, die doch eine grofse Rolle im volkswirtschaftlichen Leben der Völker spielen, angeordnet sind.«

Dasselbe habe ich auch noch im Jahre 1883 bei einem längeren Aufenthalte in den überschwemmten Gegenden des Rheinstromgebietes mit grofsem Bedauern bestätigt gefunden. Der Nutzen durchgreifender Beobachtungen und Messungen wird sich in noch viel höherem Mafse zeigen, wenn von allen deutschen Staaten systematische einheitliche Untersuchungen der Flüsse angeordnet sind.

Wenn wir nun zunächst einen Blick auf die Flüsse Deutschlands werfen, so können wir leicht annähernd berechnen, dass der Abfluss der gesammten Wassermasse, welche von den Höhen in die Ostsee und Nordsee fliefst, einer Leistung von rund 20 Millionen Pfkr. entspricht. Von dieser Leistung werden nach Frauenholz etwa 170 000 Pfkr. durch Wassermotoren wirklich nutzbar gemacht, also noch nicht 1 pCt., gegen 900000 Pfkr., welche vor etwa 10 Jahren in Deutschland durch Dampf ausgenutzt wurden. Dieser gewaltige Ueberschuss an mechanischer Arbeit, welcher allerdings zum sehr kleinen Teil dazu dienen muss, das Herabfliefsen des Wassers zu ermöglichen, muss sich unheilbringend geltend machen, indem von den Höhen gewaltige Erd- und Steinmassen losgerissen, ausgelaugt und fortgeführt werden, und in diesen gewaltigen Erscheinungen und dem schnellen Zusammenflusse der Wassermasse haben wir die Ursachen der jetzigen traurigen Lage der verschiedensten Niederungen zu suchen. Wie grofs die Massen sind, welche bei dieser Vernichtung der lebendigen Kraft und mechanischen Arbeit des Wassers zu Thal geführt werden, lässt sich aus folgenden Zahlen erkennen.

In Frankreich werden jährlich so viele düngende Sinkstoffe durch die Flüsse ins Meer geführt, dass deren Wert auf 30 Millionen Frcs. geschätzt ist.

Ein verhältnismäfsig kleiner nicht schiffbarer Fluss, der Var-Fluss, 135 km lang, führte in einem Jahr, und zwar vom September 1864 bis September 1865, allein 17723 Millionen kg oder 11 Millionen cbm Schlamm bei Nizza ins Meer. Bei so gewaltigen Massen kann man sich nicht wundern, dass oft ganze Gegenden abgeschwemmt werden und nur noch nackte Felsen übrig bleiben.

Die Marne führte 1863/64 bei St. Maur 105500 cbm Schlamm, die Seine 129600 cbm schwebend ins Meer, aufgelöst noch 1111 Millionen kg.

Vom 16. Februar bis 10. April 1876 führte die Seine täglich allein an Ammoniak und Salpetersäure eine Menge, welche einer Nettoladung von 500 Doppelwaggon entspricht, mit sich.

Die Durance führt jährlich etwa 11 Millionen cbm Schlamm mit sich fort.

Die Elbe führt bei Lobositz in Böhmen, obgleich sie dort ziemlich zahm ist, 975 Millionen kg Stoffe, zum teil schwebend, zum teil gelöst, mit sich.

Diese gewaltigen Sinkstoffmassen, welche die Flüsse mit sich führen, hat man schon nutzbringend zur Kolmation d. h.

Erhöhung der Bodenfläche benutzt. Zum Beispiel sind die Maremmen in Toscana, welche eine Fläche von 12 000 ha besitzen, durch 120 Millionen cbm Schlamm und Sinkstoffe erhöht worden. In Frankreich macht man es an vielen Wasserläufen ebenso.

In dem Umstande nun, dass man einerseits die guten Wirkungen des Wassers beim Abflusse nicht ausnutzt, andererseits die schädlichen Wirkungen hierbei nicht verhindert, hat man einen oft gewaltigen Gesammtschaden zu suchen.

Die erste Folge ist, dass von den umfangreichen herabgeschwemmten Sinkstoffmassen die fortgeführten Teile an bestimmten Stellen sich ablagern, und zwar zunächst die gröbsten Geschiebe, dann grobe Kiesstücke, kleinere Kiese, Sand und Schlamm. Die so entstehenden Kies- und Sandbänke geben Veranlassung zu vielen nachteiligen Erscheinungen. Da sie wie Wehre wirken und zeitweise weiter geführt werden, so zwingen sie den Fluss, fortwährend seinen Lauf zu verlegen.

Als vor einigen Jahren die Rheinprovinz von gewaltiger Ueberschwemmung heimgesucht wurde, benutzte ich die Gelegenheit, um Beobachtungen über die Ursachen und Wirkungen dieser Ueberschwemmungen anzustellen und die Ansichten der Techniker über die Wasserverhältnisse zu erforschen, wozu mir eine vom Hrn. Minister v. Maybach in bereitwilligster Weise an alle technischen Behörden des Ueberschwemmungsgebietes, soweit es in Preußen lag, gerichtete Empfehlung und Vollmacht von größtem Nutzen war. Vom 21. Februar bis 15. März 1883 besuchte ich folgende Orte: Emmerich, Wesel, Duisburg, Ruhrort, Düsseldorf, Neuß, Worringen, Köln, Mülheim, Andernach, Koblenz, Kochem, Trier, Metz, Saarbrücken, Saargemünd, Straßburg, Kehl, Mannheim, Friesenheim, Oppau, Worms, Lampertheim, Frankfurt a/M., Budenheim, Bingen, St. Goar und Boppard.

Ich erwähne nur kurz die Namen, und Sie werden sich entsinnen, welch gewaltige Schädigungen dort stattgefunden haben und erkennen, dass es notwendig war, um einen Begriff von den Wirkungen des entfesselten Elementes zu bekommen, die verschiedenen Gegenden zu Fuſs aufzusuchen, was damals nicht ohne Strapazen möglich war. Ich will Sie nicht belästigen mit einer Schilderung der äuſserst traurigen Verhältnisse, die ich antraf, aber erwähnen, dass man bei solchen Gelegenheiten viel lernen kann.

Es fragt sich nun, wie solch gewaltige Schädigungen in so kurzer Zeit möglich gewesen sind? Die Ursachen für die unterhalb gelegenen Flussgebiete liegen zunächst in dem beschleunigten Zusammenflusse der Wassermassen aus dem Ober- und Mittellaufe der Flüsse, wozu deren Korrektionen oft in hohem Maſse beitragen und dann in den vielfachen, kaum glaublichen Hindernissen, welche die Menschenhand dem Wasserabfluss im Flutgebiet entgegengestellt hat.

Die Stimme eines hervorragenden Gutsbesitzers aus dem Hessischen sagt hierüber in einer Broschüre (schon 1876) an einer Stelle:

> »Mit Bedauern und Schmerz haben wir erkannt und
> »mussten selbst darunter leiden, dass die Werke des
> »Menschen diese verderblichen extremen Verhältnisse in
> »unseren Flussgebieten vielfach zur folge hatten; doch
> »weiter müssen wir zu allem Trost auch erkennen, dass
> »der Wille des Schöpfers durch die Vorkehrungen, die
> »er in der Natur trifft, die Absicht verkündet, das Wohl
> »der Menschen zu fördern, und dass es Gott zu unserem
> »wahren Interesse gemacht hat, hierin, wie in allen Din-
> »gen, uns und unsere Handlungen in Uebereinstimmung
> »mit seinen Gesetzen zu bringen.«

Ferner sagt dieselbe Stimme an einer anderen Stelle:

> »Diesseits des Rheines, wo von den Alpen bis zum
> »Meere Fleiſs und Ordnung in weiten Reichen herrscht,
> »sind doch im Laufe des Jahrhunderts vielfache Not-
> »stände durch Wasser entstanden, vielleicht durch die
> »noch mangelnden Erfahrungen und Kenntnisse der Fluss-
> »bautechnik über die Wirkungen und Folgen ihrer Werke,
> »vielleicht durch zu weit gehende Berücksichtigung der

»Flussschiffahrt und mindere Berücksichtigung der Boden-
»kulturinteressen.

»Diese Uebelstände können noch gehoben werden,
»erheischen aber wirksamere Hilfe und machen sie zur
»dringendsten Pflicht.

»Den Bewohnern der Flussniederungen fällt nach
»jedem Hochwasser die Aufgabe zu, die durch Wasser
»verursachten Verheerungen zu beseitigen. Unter oft
»sehr schwierigen Verhältnissen führen sie diese Ar-
»beiten unverdrossen aus und erfüllen hiermit nicht allein
»Pflichten gegen sich selbst, sondern sie fördern auch
»dadurch die Interessen der menschlichen Gesellschaft
»und des Staates. Allein die Obliegenheiten des einzel-
»nen und selbst der Gemeinden beschränken sich darauf,
»die verwüsteten Felder wieder in einen kulturbaren Zu-
»stand zu setzen, die Beschädigungen an Gebäuden zu
»beheben und die Dämme und Wege wiederherzustellen;
»eine weit gröfsere und wichtigere Aufgabe· liegt jedoch
»aufser diesem Bereich und fällt, da sie die Gesammt-
»interessen ganzer Länder berührt, dem Staat anheim.
»Es ist die Aufgabe, ein grofses Uebel in seiner Wurzel
»zu bekämpfen, der Wiederkehr der Wasserverheerungen
»mit aller Macht entgegen zu treten und durch geeignete
»Mittel die Ausdehnung derselben zu verhüten.«

Die Mafsregeln, die man gegen das Hochwasser ergreift,
sind zum teil ganz verkehrt. Man legt Deiche am Ufer der
Flüsse an, um die dahinter liegenden Niederungen gegen die
Hochflut zu schützen. Aber diese Deiche bilden ja andererseits gerade eine Verengung des Flussbettes und erschweren
so die Abführung der Wassermassen, die jetzt keinen so
grofsen Querschnitt finden wie bei fehlenden Deichen.

Besonders aber werden die Deiche verderblich, indem sie,
wie wir es in jüngster Zeit bei Weichsel und Nogat gesehen
haben, das Festsetzen des Eises begünstigen und so die Ver-
stopfung des ganzen Flussquerschnittes mit Eismassen verursachen können. Interessant ist es, zu beobachten, wie der

Durchbruch der Deiche, der den betroffenen Gebieten gewaltige Zerstörungen bringt, für die weiter unten gelegenen Gegenden den ersehnten Rückgang der Hochflut im gefolge hat. Der Deichbruch eröffnet der Hochflut einen grofsen Behälter in Gestalt der umliegenden Niederungen, und daher geht jetzt bis zu dessen Ausfüllung viel weniger Wasser stromabwärts. Ich will ein Beispiel anführen: Aus dem Badischen waren gewaltige Wassermassen, durch die Rheinregulirungen beschleunigt, ins Hessische hineingeführt worden. Durch die zwischen den Deichengen eingetretene Stauung, verbunden mit Eisgang, brachen hier sowie andererseits im Pfälzischen die Deiche, und es traten mindestens 1000 Millionen cbm Wasser über die Ufer auf das angrenzende eingedeichte Festland. Das Hochwasser sank in folge dessen sehr merklich in den flussabwärts liegenden Gegenden, und man gab sich der angenehmen Hoffnung hin, die Wassersnot sei zu Ende. Da trat plötzlich, nachdem die durch die Dammbrüche eröffneten Becken ausgefüllt waren, wieder Hochwasseein und richtete um so empfindlicheren Schaden an, je unerr warteter es sich einstellte. Ich will nur erwähnen, dass durch solche Flusskorrektionen — man nennt sie ja »Verbesserungen« — z. B. der Rhein von Lauterburg bis Worms um 40 pCt. seiner früheren Länge verkürzt wurde.

Bei der Eindeichung greift man oft fehl, wenn man nur die Hochwassermengen in Rechnung zieht, welche der Fluss in der Zeiteinheit vor der Eindeichung abführt. Es sind vielmehr auch die sehr bedeutenden Mengen mitzurechnen, welche sich vor der Eindeichung in den Seitenbecken ansammeln konnten und nun in viel kürzerer Zeit ebenfalls durch das Flutprofil zwischen den Deichen abgeführt werden müssen und dabei oft genug unverhoffte Anschwellungen verursachen.

Ein besonders grofser Schaden durch Hochwasser ist ferner stets da festzustellen, wo Wasserläufe, die oft im gewöhnlichen ganz winzig sind, aus steilen Gebirgsthälern herabkommen. Diese führen in der entsprechenden Jahreszeit meist sehr bedeutende Wassermassen mit sich und richten oft grofse Verheerungen an, besonders, wenn deren mehrere an benachbarten

Punkten in den Hauptwasserlauf münden und gleichzeitig an-
schwellen. Ich erwähne als Beispiele nur den Bliesbach, der
sich bei Saargemünd in die Saar ergiefst sowie einige Zuflüsse der Mosel, z. B. die Seille bei Metz, die, von kahlen
Höhen kommend, manchmal grofse Felsblöcke bis in die
Mosel führt.

Eine Hauptursache des grofsen Schadens, den das Hochwasser meistens anrichtet, liegt darin, dass die Anwohner des
Flusses vorher nicht über die bevorstehende Gefahr unterrichtet sind und daher nicht die nötigen Vorkehrungen treffen.
Das Vorhersagen des Hochwassers möchte auf den ersten
Blick unmöglich erscheinen. Dass diese Ansicht aber nicht
ganz zutreffend ist, davon konnte man sich in den Reichslanden im Ueberschwemmungsgebiete des Rheines überzeugen.
Ich wurde dort, als ich die nur für preufsisches Gebiet gil-
tige Vollmacht des Hrn. Ministers v. Maybach zu meiner
Legitimation vorzeigte, von den sämmtlichen Behörden in sehr
entgegenkommender Weise mit den betr. Einrichtungen bekannt gemacht und erfuhr, dass dadurch der jährliche
Betrag der sonst bedeutend gewesenen Hochwasserschäden
auf eine ganz kleine Summe vermindert worden sei. Es ist
ein ganz vorzüglich organisirter Dienst dort eingerichtet. Es
wird dort seit Jahren für die Zeit des Hochwassers eine
Kommission dauernd thätig erklärt, die aus dem Wasserbau-
direktor, Mitgliedern der Landesverwaltung, der Militär- und
Eisenbahnverwaltung besteht und im Bureau des Wasserbaudirektors zusammentritt. Sie hält sich durch eigene telegraphische Verbindungen, die im Bureau des Wasserbaudirektors
zusammenlaufen, bis nach Frankreich hinein und bis an die
Schweizer Grenze über alle Anschwellungen der Zuflüsse des
Rheines und über die oft plötzlichen Veränderungen des Thal-
weges im Rheinbett unterrichtet. Durch Kombinationen, die
sich auf jahrelange Beobachtungen stützen, schliefst man aus
den so übermittelten Wasserständen oberhalb auf die im eigenen Gebiete zu erwartenden Fluthöhen, und zwar kann man
dort den Wasserstand 48 Stunden vorher auf 10 cm genau —
was ja hier doch vollkommen genügt — ansagen. Man weifs

so, wann und wo Gefahr drohen wird, und kann sich darauf einrichten. In der Nähe der gefährdeten Punkte werden mit zahlreichen Arbeitern besetzte Eisenbahnzüge bereitgehalten, welche auf telegraphische Anweisung in allerkürzester Zeit zum Orte der Gefahr, wo Materialien bereit liegen, gesandt werden können. Ein so schnelles Handeln ist dort notwendig, weil der Rhein in ganz aufserordentlich kurzer Zeit seine Tiefenverhältnisse ändert. Eine Kiesbank wirkt plötzlich wie ein Wehr, und andererseits bilden sich in ein paar Stunden oft 10 m tiefe Kolke, deren Böschungen als Verlängerung der Dammböschungen sofort durch Steinschüttungen befestigt werden müssen, wenn nicht der dahinterliegende Damm der Zerstörung verfallen und die Gegend überschwemmt werden soll. Man schüttet an solchen Stellen in dem Mafse, als der Strom sich vertieft, Steinmassen nach, erreicht dadurch aber auch eine solche Sicherung der Dämme, dass man sicher sein kann, dort niemals wieder eine Beschädigung vorzufinden. Aehnlich wie in den Reichslanden und wahrscheinlich, indem man die Einrichtungen von dort entnahm, hat man in Paris ein Bureau in's Leben gerufen, welches täglich dreimal Depeschen aus allen Zuflussgebieten der Seine erhält, so dass man dort drei Tage vorher bevorstehendes Hochwasser auf etwa 30 cm genau angeben kann. Im hessischen, bayerischen und preufsischen Teile des Rheinlaufes war im Jahre 1883 ein genügend ausgedehnter geordneter Nachrichtendienst noch nicht eingerichtet und machte bei der Zerrissenheit des Grundbesitzes und der Verwaltungen grofse Schwierigkeiten, während in Frankreich die Verhältnisse in dieser Beziehung günstiger liegen, da dessen Flüsse fast durchweg von der Quelle bis zur Mündung im eigenen Lande liegen und unter einheitlicher Verwaltung stehen.

Ein geordneter, möglichst weit ausgedehnter Nachrichtendienst, wie er jetzt auch für Preufsen angeordnet ist, thut dringend not. Ich habe überall erfahren, dass die Schäden wesentlich zu mildern gewesen wären, wenn man nur gewusst hätte, wann und in welchem Mafse Hochwasser zu erwarten sei. Eine richtige Verwertung solcher Nachrichten kann aber nur auf grund jahrelanger Beobachtungen von sachkundiger, mit ausgedehntester Machtbefugnis ausgestatteter Hauptstelle aus für jeden Wasserlauf stattfinden.

Dass die Flüsse oft so grofsen Schaden bringen im Oberlauf durch Fortreifsen, in der Tiefebene durch Ablagern von Erd- und Gesteinsmassen, hat man in vielen Ländern in erster Linie einer verderblichen Forstwirtschaft, d. h. der Entwaldung des Landes zu danken.

Um zunächst das Ausland zu erwähnen, so waren in Frankreich

im Jahre 1750 27,7 pCt. Bewaldung
»   »   1788 14,8 »   »
»   »   1804 9,2 »   »
»   »   1862 16,9 »   »

In die Zeit der stärksten Entwaldungen fallen denn auch ganz ungeheure Schädigungen durch Hochwasser, die sich der Zeit nach noch etwas weiter erstrecken, weil die später aufgenommenen Bestrebungen zur Wiederbewaldung des Landes nicht sofort Früchte tragen konnten.

In dieser Beziehung steht Deutschland etwas günstiger, von dessen Flächenraum noch etwa 26,5 pCt. bewaldet ist. Doch ist zu berücksichtigen, dass sich obige Zahlen stets auf das ganze Land beziehen, während es hier vor allem darauf ankommt, wie stark gerade die Berggegenden bewaldet sind. Leider fehlt es uns noch an Beobachtungen, um in Zahlen angeben zu können, in welchem Verhältnisse der Wald gegenüber einer anderweitigen Bewirtschaftung des Landes, den Abfluss des Wassers regelt und die starken Anschwellungen mildert. Auch von jenseits des Ozeans, aus Nordamerika, kommen Klagen darüber, dass durch die rücksichtslose Vernichtung der Urwälder in manchen Flussgebieten die gröfsten Schädigungen durch Hochwasser eingetreten sind und in noch höherem Mafse erwartet werden. Schädigend ist schon die Entfernung des abgefallenen Laubes, das vielfach zur Düngung der Felder benutzt wird. Das Wasser findet dann eine glattere Oberfläche und läuft rascher ab. Auch dass vielfach niedrigere Anpflanzungen (Buschwerk) den Hochwald verdrängt haben, wirkt schädlich, da auch hierdurch die Fähigkeit des Walduntergrundes, das Wasser zurückzuhalten, beeinträchtigt wird. Sehr zu verwerfen ist auch das für den Forstbetrieb mit einigem Vorteil verbundene Verfahren, die abzuholzenden Gebiete in vom Bergabhange nach dem Thal abfallenden Flächen anzulegen, wodurch das Wasser auf diesen Hängen einen schnelleren Ablauf findet. Es wird, um diesem Uebelstande zu begegnen, jetzt auch von Forstbeamten der Vorschlag gemacht, die abzuholzenden Streifen wagerecht am Abhang entlang laufen zu lassen, wodurch allerdings das Wasser mehr zurückgehalten werden wird. Man muss eigentlich sagen, es geschieht bisher in den Quellengebieten alles, um die gröfsten Schädigungen durch den Wasserabfluss herbeizuführen. Jeder glaubt sich ein Verdienst zu erwerben, wenn er dem Wasser gute Wege schafft zum schleunigsten Ablaufen.

Auf den Höhen eine Entwässerung vorzunehmen, ist bedenklich; man hat hierbei traurige Erfahrungen gemacht. Um die Zerstörungen bei Hochfluten zu mildern, ist es durchaus nötig, das Wasser auf den Höhen zurückzuhalten. In manchen Gegenden sind sehr häufig Sammelweiher verlassen; man hat sie abgezapft, um aus der Bewirtschaftung des dadurch gewonnenen Landstriches Nutzen zu ziehen. In der ersten Zeit waren die Erträge ganz gut, sie liefsen immer mehr nach und waren schliefslich ganz gering, so dass man jetzt z. B. in Württemberg alte abgezapfte Weiher wieder schliefst, um durch diese Wasserbecken eine Regelung des Abflusses zu bewirken und sie für die Fischzucht nutzbar zu machen. Die Regelung kleiner Flüsse wirkt in gleicher Weise wie bei grofsen. Die Bewohner der Niederungen haben durch solche Misswirtschaft in den Höhen von Jahr zu Jahr mehr zu dulden, da die Sinkstoffe, welche sich im Flussbett ablagern, die Sohle immer mehr erhöhen und so den Unterschied zwischen dem Wasserspiegel und der Bodenoberfläche des eingedeichten Landes stetig vermindern, so dass es für die Bewirtschaftung oft zu lange dauert, bis das ober- oder unterirdisch eingedrungene Hochwasser abgelaufen ist. Man muss

dann dazu übergehen, das Wasser künstlich zu heben, was
aber für einen wirtschaftlichen Nutzen auch seine Grenzen
hat. Wir gehen also unfehlbar dem Verderb solcher einge-
deichter Niederungen entgegen, wenn nicht entschieden umgekehrt wird. Gestatten Sie mir, aus einem Briefe des Kaisers
Napoleon aus dem Jahre 1856, nach den gewaltigen Ueberschwemmungen an der Loire an seinen Minister der öffentlichen Arbeiten gerichtet, einige Sätze vorzulesen, aus denen
erhellt, wie richtig damals schon das einzuschlagende Verfahren erkannt wurde.

Brief des Kaisers Napoleon vom 19. Juli 1856. [1]

»Hr. Minister! Nach der Untersuchung der durch die
»Ueberschwemmungen verursachten Verheerungen ist
»es meine erste Arbeit gewesen, Mittel zur Vorbeugung
»solchen Unheils zu suchen. Wie ich gesehen habe, sind
»in den meisten Orten Arbeiten vonnöten geworden, wo-
»bei die Sachlage schon die Art und Weise ihrer Be-
»handlung anzeigt, und welche tüchtige Ingenieure, die
»als Leiter dieser Arbeiten angestellt sind, leicht aus-
»führen werden. Leicht also werden die Kunstbauten,
»welche Städte wie Lyon, Valence, Avignon, Tarascon,
»Orléans, Blois und Tours künftighin vor dergleichen
»Ueberschwemmungen zu bewahren haben, errichtet
»werden. Der allgemeine Grundsatz jedoch, der künftig-
»hin anzunehmen ist, um solchem schrecklichen Unheil
»für unsere reichen von grofsen Flüssen durchschnittenen
»Thäler zuvorzukommen, soll indessen sein, das, was
»noch fehlt und durchaus notwendig ist, sogleich aus-
»findig zu machen und anzuzeigen.

»Gegenwärtig verlangt ein jeder einen Damm. Das
»System der Dämme ist jedoch nur ein Schutz-
»mittel, das den Staat zu grunde richtet, und zu
»unvollkommen, um unsere Binnengelände zu schützen; denn

---

[1] Nach H. Overmars, Niederländischer Wasserbau-Ingenieur:
»Die Theifs-Ueberschwemmungen« usw. Budapest 1879.

»im allgemeinen werden die Erd- und Schlickmassen, die
»das Wasser zuführt, unaufhörlich die Sohle der Flüsse er-
»höhen, und da die Flussbreite immer zwischen Dämmen
»eingeschränkt ist, wird man gezwungen sein, auch die
»Dämme immer zu erhöhen und zu verstärken, wohl auch
»diese ununterbrochen auf beiden Ufern fortzusetzen und
»immer unter genaue Aufsicht zu stellen. Dieses System, das
»für den Rhone allein mehr als 100 Millionen kosten würde,
»dürfte sehr ungenügend sein, denn es ist unmöglich,
»von allen Uferbesitzern immer die Aufsicht zu bekommen,
»welche notwendig, um einem Dammbruch zuvorzukommen.
»Und wenn ein Damm zerreifst, würde das Unglück desto
»schrecklicher sein, je höher die Dämme gebaut waren.

»Unter allen vorgeschlagenen Systemen ist mir ein
»einziges als sehr redlich, natürlich, praktisch vorge-
»kommen, das leicht ausführbar erscheint. Dieses Sy-
»stem ist aufserdem mit Erfahrung ausgerüstet. Bevor
»man ein Mittel für ein Uebel sucht, muss man erst
»genau die Ursache dieses Uebels studiren. Darum ist
»hier zuerst die Frage am Platz: Wodurch entstehen die
»plötzlichen Hochwasser in unseren Flüssen? Sie werden
»verursacht durch das Wasser, welches zu jäh aus
»dem Gebirge kommt, und sehr wenig durch Wasser,
»das in den Thälern fällt. Dies ist so vollkommen wahr,
»dass bei der Loire das Hochwasser in den Städten Roanne
»und Nevers sich in 20 bis 30 Stunden früher zeigt, als
»es in Orléans oder Blois ankommt. Ebenso ist es
»mit den Flüssen Saône, Rhone und Gironde. Bei den
»letzten Ueberschwemmungen hat der Telegraph gedient,
»um an die Bevölkerung viele Stunden, ja viele Tage
»im voraus die genaue Zeit der Erhöhung ihrer Wässer
»kund zu geben. Dieses Ereignis ist leicht begreiflich.
»Wenn der Regen in eine Ebene fällt, dient der Boden
»wie ein Schwamm; das Wasser muss, bevor es den Fluss
»erreichen kann, eine grofse Strecke durchlassenden Bodens
»zurücklegen, und dessen schwache Neigung verspätet
»seinen Lauf. Wenn aber, unabhängig von Schneeschmel-

»zung, das nämliche im Gebirge geschieht, wo der Boden
»meistens aus nackten Felsen oder festem Lehm besteht,
»die kein Wasser einsaugen oder aufhalten, so wird wegen
»der Abhänge alles gefallene Wasser mit grofser Schnellig-
»keit in die Flüsse dringen und deren Spiegel sogleich
»erhöhen. Wir sehen es täglich mit unseren eigenen
»Augen, wenn es regnet: Das Wasser, das auf unsere
»Felder fällt, formirt nur wenige Bäche, aber dasjenige,
»welches auf die Dächer der Häuser fällt und in den
»Rinnen aufgefangen wird, bildet sogleich eine kleine
»Wasserflut. Die Dächer sind hier die Gebirge, und die
»Rinnen vertreten hier die Stelle der Ebene. Wenn wir
»eine Ebene von 2 Meilen Breite und 4 Meilen Länge
»annehmen und in 24 Stunden eine Menge Wasser von
»10 cm Höhe auf die Fläche gefallen ist, werden wir
»in dieser Fläche 12 800 000 cbm Wasser bekommen,
»das in den nächsten Fluss gelangen will, und dieses
»Ereignis wird sich bei jedem Nebenfluss oder Verzwei-
»gung des Flusses erneuern. Hat z. B. die Rhone oder
»die Loire 8 grofse Nebenflüsse, so werden wir die un-
»geheuere Menge von 128 000 000 cbm Wasser bekommen,
»die in 24 Stdn. in den Fluss gelaufen ist, so dass
»Gefahr im Verzuge ist; wenn aber diese Menge Wasser
»in der Art zurückgehalten werden könnte, dass das Ab-
»fliefsen zwei- oder dreimal länger dauerte, so würde
»selbstverständlich die Ueberschwemmung zwei- .oder
»dreimal weniger gefährlich sein.

»Die ganze Aufgabe ist also die, den jähen
»Wasserandrang hintanzuhalten bezw. ihn zu ver-
»späten. Diese Verspätung ist darzustellen durch in alle
»Nebenflüsse bei der Mündung der Thäler und überall, wo
»die Wasserläufe eingefasst sind, zu machende Dämme
»oder Wehre, die nur in der Mitte einen engen Durchlass
»dem Wasser gestatten, und die es aufhalten, wenn seine
»Menge sich vermehrt, wodurch am Abfluss Behälter
»entstehen, die sich nur langsam entleeren. Man muss
»im kleinen machen, was die Natur im grofsen gemacht

»hat. Wenn die Seen von Constanz (Bodensee) und
»Genf (lac du Léman) nicht wären, würden die Thäler
»des Rheins und Rhone nur grofse Wasserflächen bilden;
»denn das Wasser dieser Seen erhöht sich jedes Jahr
»ohne viel Regen und nur durch das Schmelzen des
»Schnees um 2 bis 3 m, was für den Bodensee eine
»Vermehrung von ungefähr $2^1/_2$ Milliarden und für den
»Genfer See eine Vermehrung von 1 Milliarde 770 Mil-
»lionen cbm Wasser ausmacht. Selbstverständlich würde
»diese ungeheuere Menge Wasser, wenn sie nicht an
»der Mündung dieser beiden Seen durch Gebirge, die
»den Ablauf nur als eine breite und tiefe Flut gestatten,
»zurückgehalten wäre, jedes Jahr die allerschrecklichsten
»Ueberschwemmungen verursachen. Diesem Winke bezw.
»dieser Lehre der Natur ist man gefolgt, als man vor
»mehr als 150 Jahren ein Wehr in die Loire baute, dessen
»Nutzen deutlich in dem Bericht des Hrn. Collignon,
»Abgeordneten von la Meurthe, an den Reichstag im
»Jahre 1847 bewiesen ist, und zwar auf folgende Art.

»Der Damm von Pinay, 1711 gebaut, befindet sich
»10 km unterhalb Roanne. Dieser Damm ist vereinigt
»mit den Felsen, die das Thal umringen und verbunden
»mit den Resten einer Brücke, die von den Römern
»datirt; er verengt an dieser Stelle die Flussmündung
»bis zu 20 m Breite; seine Höhe oberhalb dieser Mün-
»dung ist ebenso 20 m, und die Loire ist gezwungen,
»durch diese Enge selbst bei der gröfsten Wassermenge
»zu laufen. Der Einfluss des Dammes bei Pinay ist desto
»mehr bemerkenswert, als er laut Dokument des Reichs-
»rates von 1711 nur zu dem besonderen Zwecke gebaut
»wurde, um die Hochwasser zu vermindern und ihren
»rohen Verheerungen durch ein künstliches Hindernis
»entgegen zu treten, da die natürlichen Hindernisse
»unvorsichtiger Weise in dem oberen Teile des
»Flusses durch Regulirung vernichtet waren. Der
»Damm von Pinay hat im letzten Monat Oktober seine
»Bestimmung glücklich erfüllt: er hat das Wasser bis zu

»21,50 m Höhe über dem Fluss aufgehalten; hat in die
»Ebene von Forez den Abfluss einer Menge, die noch mehr
»als 100 000 000 cbm beträgt, verhindert; und die Flut
»hatte in Roanne ihre gröfste Höhe schon erreicht, als man
»noch 4 oder 5 Stunden zur gänzlichen Füllung dieses
»Behälters brauchte. Wenn der Damm von Pinay nicht
»dagewesen wäre, würde die Flut nicht allein viel eher
»in Roanne angekommen sein, sondern die Menge Wasser,
»die die Ueberschwemmung verursachte, wäre mit un-
»gefähr 2500 cbm i. d. Sek. vermehrt worden. Die Zeit
»der Ueberschwemmung wäre kürzer gewesen, und man
»schaudert vor dem Gedanken, dass ohne diesen Um-
»stand das grofse Unheil, welches das Loirethal traf,
»noch ärger gewesen wäre. Ueberdies hat die Anhöhung
»des Wassers durch den Damm von Pinay nicht die ge-
»ringste Störung hervorgerufen; im Gegenteil, die Fläche
»von Forez wird während vieler Jahre noch die frucht-
»bare Wirkung des Schlickes und Humus spüren, die das
»Wasser da niedergelegt hat. So war die Wirkung
»dieser Kunstbauten, welche eine weise Vor-
»sorge für unsere Sicherheit gestiftet hat, die
»uns jetzt als Beispiel dienen kann. Aufserdem sind
»bei den Ursprüngen der Nebenflüsse noch eine Menge
»Stellen, wo die Erfahrung von Pinay billig könnte
»wiederholt werden, wenn diese Punkte nur gut gewählt
»würden und die Abfuhr der Wässer ohne Störung und
»mit möglichst grofsem Nutzen für den Landbau gehörig
»gemäfsigt würde.

»Statt dieser auf ihrer ganzen Höhe offenen Dämme
»hat man auch Wehre mit einem Schleusenthor unten
»und einem Behälter oben vorgeschlagen. Die also ge-
»bildeten Behälter können nach Belieben das Ueber-
»schwemmungswasser zurückhalten und es in Zeiten der
»Dürre für den Landbau und zur Erhaltung eines ge-
»hörigen Wasserstandes in den Flüssen verwenden. Das
»Edikt von 1711, wovon Hr. Collignon redet, zeigt auf
»vollkommene Weise an, welche Rolle die Dämme zu

»erfüllen, und was sie zu leisten haben. Man findet da
»den nachfolgenden Satz: »Es ist unausbleibbar not-
»wendig, um da, wo die Schiffe nicht fahren, auf gewisse
»Entfernung von einander drei Dämme in das Flussbett
»zu machen: den ersten an der Brücke von Pinay, den
»zweiten am Castel de la Roche und den dritten an der
»Mauer einer alten Brücke, die in die Loire am Ende
»des Dorfes Saint Maurice gebaut war. Mittels dieser
»Dämme wird der Durchzug so verengt sein, dass die
»Hochfluten der Wasser, die sonst in 2 Tagen abfliefsen,
»jetzt nicht in 4 bis 5 Tagen abfliefsen können. Die
»Wassermenge, welche dadurch bis auf die Hälfte herab-
»gemindert ist, würde nicht mehr solche Verheerungen
»machen, als in den letzten 3 Jahren geschehen ist.«
»Und wirklich haben im Jahre 1856 wie 1846 die
»Dämme von Pinay und de la Roche die Stadt Roanne
»vor einer gänzlichen Zerstörung gerettet. Nach Herrn
»Boulangé, ehem. Oberingenieur des Departement de la
»Loire, hat der Damm von Pinay nur 170 000 Frcs., der
»von de la Roche 40 000 Frcs. gekostet, und er rechnet
»nur 3 400 000 Frcs. für den Bau von 5 neuen grofsen
»Dämmen und 29 Wehren auf die Nebenflüsse der Loire.
»Hr. Polenceau, ehem. Divisionsinspektor für Brücken
»und Wege, der das nämliche System anempfiehlt, meint,
»dass man selbst Dämme von Erde und Rasen mit
»Pfosten und Stämmen konstruiren kann, was noch
»billiger wäre. Da es sehr wichtig ist, dass das Hoch-
»wasser von den kleinen Nebenflüssen nicht zu gleicher
»Zeit in dem Hauptfluss ankommt, wäre es vielleicht
»angezeigt, in einigen die Anzahl der Wehre zu ver-
»mehren und in anderen zu vermindern, um hierdurch
»den Ablauf der Nebenflüsse soweit aufhalten bezw.
»regeln zu können, dass der eine später als der andere
»ausmündet. Laut oben gesagtem sowie nach dem Bei-
»spiel von Pinay würden diese Wehre durch den Nieder-
»schlag der Humus- und Schlickschichten sehr nützlich
»für den Landbau sein. Da, wo die Flüsse Sand oder

»Schotter mitführen, würden die Wehre nützlich sein,
»weil sie dieses Material grofsenteils zurückbehalten, die
»Flusssohle also nicht erhöhen, sondern dem Wasser
»mehr Strömung in der Mitte der Flüsse geben und da-
»durch das Flussbett tiefer machen. Und selbst wenn
»auch die Wehre dem Anbau der Thäler etwas schaden
»würden, sollte man sie dennoch nach Entschädigung der
»Eigentümer durchführen; denn auch bei einem Feuer-
»brand muss man immer etwas aufopfern — also hier
»einige wenig fruchtbare Felder zu gunsten der reichen
»Felder in den Thälern. Dieses System kann nur ent-
»sprechend sein, wenn es allgemein, d. h., auch auf die
»kleinsten Nebenflüsse verwendet wird. Die Vermehrung
»der kleinen Wehre wird weniger kosten als die Er-
»richtung von einigen sehr grofsen. Es ist jedoch selbst-
»verständlich, dass diese Werke nicht die Nebenarbeiten,
»welche die Städte und gewisse gefahrvolle Flächen zu
»schützen haben, unnötig machen.

»Ich wünsche also, dass Sie dieses System je eher
»an Ort und Stelle durch Fachmänner studiren lassen.
»Ich wünsche, dass man unabhängig von den Dämmen,
»die auf den zumeist bedrohten Stellen zu errichten sind,
»in Lyon eine Ableitung mache, ähnlich der, welche in
»Blois besteht; die Stadt wird dadurch geschützt und
»die Verteidigung dieser Festung verstärkt werden. Ich
»wünsche, dass man bei niedrigem Wasserstand in das
»Flussbett der Loire parallel mit dem Strom zweig-
»förmige Dämme errichte, die nach unten geöffnet, Be-
»hälter für Ablagerung des Schlickes bilden, so wie es
»Hr. Fortin, Ingenieur für Brücken und Wege, bean-
»tragt hat. Diese Dämme dürften vorteilhaft den
»Schlamm zurückhalten, ohne den Ablauf des Wassers
»zu hindern und das Auswaschen der Flusssohle zu ver-
»ursachen. Ich wünsche, dass das System, durch Hrn.
»Vallée, Generalinspektor für Brücken und Wege, für
»den Rhone beantragt, ernstlich in Vereinigung mit der
»schweizerischen Regierung studirt werde. Es besteht

»in der Senkung des Rhonewassers bei der Mündung in
»den Genfer See und in der dortigen Errichtung eines
»oder mehrerer Wehre. Dadurch würde man das Hoch-
»wasser des Genfer Sees erniedrigen zum Nutzen des
»Kanton Wallis, der Felder des Kanton Waadt und der
»Ufer von Savoyen; dadurch würde eine bessere
»Schifffahrt auf diesem See entstehen, Verschönerungen
»für Genf, viel weniger Ueberschwemmungsgefahr
»in dem Rohnethal und eine bessere Schiffahrt auf
»diesem Fluss. Endlich wünsche ich, dass die Auf-
»sicht der grofsen Flüsse einer einzigen Person
»anvertraut werde, damit die Verwaltung all-
»gemein und genau sei in Zeiten von Gefahr.
»Ich wünsche, dass die Ingenieure, die schon Erfahrung
»in der Kenntnis der Ströme haben, an diese Stelle be-
»fördert werden können und nicht auf einmal aus ihren
»speziellen Arbeiten gerissen werden; denn es geschieht
»manchmal, dass Ingenieure, die einen Teil ihres Lebens zu
»Studien von Wasserbauten an Meeresufern oder an Flüssen
»verwendet haben, auf einmal durch Beförderung zu einem
»anderen Dienst gezogen werden, wobei dem Staat die
»Ergebnisse ihrer besonderen Kenntnisse und ihrer langen
»Praxis verloren gehen. Das, was nach der grofsen
»Ueberschwemmung von 1846 geschehen ist, soll uns
»zur Lehre dienen. Man hat im Abgeordnetenhause viel
»geredet; man hat die schönsten Berichte geliefert; aber
»kein einziges System ist angenommen worden, keine
»einzige deutlich ausgearbeitete Richtung ist angegeben
»worden, und man hat nur teilweise Arbeiten gemacht,
»die nach Aussage von Männern der Wissenschaft aus
»Mangel an Einheit nur gedient haben, die Folgen des
»letzten Unheils noch zu vergröfsern.

»Wonach ich, Herr Minister, Gott bitte, dass Er Sie
»in Schutz nehme.

»Plombières, 19. Juli 1856.

»gez. Napoleon.«

Wenn wir nun auf die Erscheinungen an der Loire näher eingehen, so sind folgende Thatsachen festzustellen: Bis zum Jahre 1706 lag die Krone der Dämme 5 m über Niedrigwasser; sie musste in folge höherer Wasserstände auf 6 m erhöht werden. Dann trat 1846 ein Dammbruch ein, wodurch ein Schaden von 32 Millionen Mark angerichtet wurde. Die Dämme wurden auf 7 m über Niedrigwasser erhöht; trotzdem traten im Jahre 1856 Ueberschwemmungen und Deichbrüche ein, durch welche ein Schaden von 150 Millionen Mark entstand. Man erhöhte sie darauf auf 8 m über Niedrigwasser, was aber wieder nichts nutzte, da sie im Jahre 1866 abermals durchbrachen und einen Schaden von 80 Millionen Mark verursachten. Der Gesammtverlust seit 1846 beläuft sich also auf 262 Millionen Mark.

In Deutschland legen ähnliche Thatsachen ein beredtes Zeugnis für die Schädlichkeit der Flussdeiche ab.

An der Weichsel und Nogat sind seit 500 Jahren bereits vor Eintritt der diesjährigen Ueberschwemmung nach Schlichting 102 Dammbrüche zu verzeichnen. Der dadurch einschliefslich der jetzigen Durchbrüche herbeigeführte Schaden beläuft sich, wenn wir den neuesten Durchbruch mitrechnen, dessen Schaden auf etwa 50 Millionen Mark zu schätzen sein wird, auf 300 Millionen Mark. Bedenkt man nun, dass demgegenüber der Wert der eingedeichten Niederungen daselbst angeblich nur 225 Millionen Mark betragen soll, so wird man doch dies Ergebnis als ein schlechtes Geschäft für die Nation bezeichnen dürfen.

Von den oft erschreckenden Stauwirkungen einer Eisstopfung zwischen Deichen mag hier ein von mir erlebtes Beispiel angeführt werden.

Im Jahre 1862 entstand oberhalb der Eisenbahnbrücke der Petersburg-Warschauer Bahn, eingeleitet durch Zerstörung eines provisorischen Eisbrechers, zwischen den Schutzdeichen der Düna bei Dünaburg eine Eisstockung und hierdurch schnell ein Aufstau von etwa 10 m, so dass die Stadt und die Festung in die höchste Gefahr kamen. Als dies dem Kaiser Alexander gemeldet wurde, gab er den Befehl, falls

das Wasser noch mehr steige, die ganze Stadt unter Wasser
zu setzen, um die Festung dadurch zu retten, dass das
Wasser oberhalb der Stadt durch die Niederung, in welcher
die Stadt lag, abgeleitet würde und unterhalb der Festung
wieder in das Bett der Düna gelangte. Nur durch den bald
darauf eintretenden Durchbruch der Eisstopfung und durch
Fallen des Wassers entging die Stadt dem Untergange.

Gegen diese Eisstopfungen, die hauptsächlich im Unter-
lauf der Flüsse eintreten, hat man in Hamburg seit 10 Jahren
ein vorzügliches Mittel angewandt, das auch anderweit Nach-
ahmung zu finden scheint und von vielen Behörden empfohlen
wird. Man lässt dort, um das Fahrwasser freizuhalten,
2 grofse Eisbrechdampfer[1]) nach der Nordsee und 50 km
oberhalb einen kleinen in die Elbe gehen. Die passirenden
Schiffe helfen dann nach, und so ist es gelungen, in der
Unterelbe nennenswerte Eisstopfungen überhaupt zu verhindern.
Hr. Geh. Baurat Honsell in Karlsruhe hat sich persönlich
von der vorzüglichen Wirkung dieser Hamburger Eisbrechdampfer überzeugt und empfiehlt, deren eine gröfsere Anzahl
auch für den Rhein in Anwendung zu bringen. An der
Weichselmündung sind sie meines Wissens nicht in Anwendung
gekommen.

In der Weichsel und Nogat wollte man nach Schlichting den Eisstopfungen dadurch begegnen, dass man die
Nogat schlösse, ebenso die Danziger Weichsel, und einen
Durchstich für die Weichsel unmittelbar in die Ostsee ausführte. Dagegen sträubten sich nun die Städte Danzig und
Königsberg in der Befürchtung, es möchte hierdurch eine Ver-
sandung der jetzigen Hafenausfahrten bei Danzig einerseits
und bei Pillau andererseits verursacht werden. So wider-
streiten sich jetzt bei den früher geschaffenen Zuständen die
Interessen, und es ist oft schwer zu entscheiden, was jetzt
am wenigsten nachteilig ist.

Als einziges durchgreifendes Mittel, die Niederungen aus
der fortwährenden Gefahr der schlimmsten Hochwasserschäden

---

[1]) Zeitschr. d. Ver. deutscher Ingenieure 1888 S. 692.

herauszubringen, wird nur übrig bleiben, dass man ihre Bodenoberfläche, wie besonders Schlichting mit Recht empfiehlt,
erhöht, uud zwar durch die Ablagerungen der Ströme selbst.
Dies würde voraussetzen, dass man die jetzt gebräuchlichen
Banndeiche aufgäbe, d. h., die Winterhochfluten über das Land
gehen liefse, und nur die niedrigeren Sommerdeiche aufrecht
erhielte bezw. neu errichtete, welche die in die Sommerzeit
fallenden geringeren Anschwellungen der Ströme in den Ufern
zurückhalten. Die notwendige Folge wäre allerdings eine
andere Bewirtschaftung der einer Ueberflutung ausgesetzten
Landstriche. An Stelle der Ackerwirtschaft müsste gröfstenteils
Milch- und Käsewirtschaft und Viehzucht treten. Doch wäre
diese Aenderung voraussichtlich von grofsem Vorteil, da die
überschwemmten Strecken hierdurch aufserordentlich fruchtbar
werden. Am Niederrhein soll man in dieser Beziehung sehr
brauchbare Vergleiche haben anstellen können.

Bei dem heutigen System der Banndeiche erhöht sich
nur das Flussbett durch die Ablagerungen, während das um-
liegende Land auf der alten Höhenlage bleibt. Schliefslich
wird man doch zu umfassenden Mafsregeln gezwungen sein;
aber dann wird bei der naturgemäfs fortwährend wachsenden
Schwierigkeit der Aenderung in der Wasserwirtschaft ein
wirtschaftlich günstiges Ergebnis kaum mehr zu erzielen sein;
die Menschheit würde dann gewaltsam zu einem grofsen Rückzuge aus den nicht mehr zu verteidigenden Niederungen gezwungen werden.

Als ein Beispiel für die Schädlichkeit unseres heutigen
Deichsystems will ich noch die Theifsregulirungen erwähnen.
Erst in den vierziger Jahren hat man mit deren Ausführung
begonnen, welche riesige Summen gekostet hat, und bei der
Hochflut des Jahres 1879 musste ein Regierungskommissar
nach Wien telegraphiren: »Szegedin ist gewesen«. Ich brauche
ja auch nur auf die Ereignisse der jüngsten Zeit hinzuweisen,
um Ihnen zu zeigen, wie leicht Deichbrüche erfolgen, und wie
verderbenbringend sie sind.

M. H.! bei uns ist, wenn wir uns mit der Frage der
Verhütung von Wasserschäden beschäftigen, das Augenmerk

zu ausschliefslich auf die Tiefebene gerichtet. Die Frage, ob wir nicht schon auf den Höhen, im Oberlauf der Flüsse, die Wasserverhältnisse verbessern können, wird häufig mit der Antwort abgethan: Wenn man dort Behälter schaffen wollte, die das Hochwasser abhalten sollen, so würde das ein unsinniges Geld kosten. In so einfacher Weise lässt sich diese wichtige Frage indessen nicht abthun. Man hat in Württemberg eine Berechnung angestellt, welchen Kostenaufwand die Anlage von Sammelbecken zur Verhinderung der Hochfluten erfordern würde, und hat für diesen Zweck allein keinen genügenden Ertrag aus dem zunächst betroffenen Gebiet gefunden.

Ich gebe zu, dass, wenn man in stark bevölkerten und bewirtschafteten Gegenden Behälter lediglich zu dem Zwecke bauen wollte, Hochwasserschäden dadurch zn verhüten, in vielen Gegenden Deutschlands der Geldnutzen kein genügender sein würde. Aber die Verhältnisse liegen meistens anders. Man kann mit dem zurückgehaltenen Wasser mehr machen als Schaden verhindern, worüber ich Ihnen nachher noch näheres vortragen werde. Den Nutzen der Sammelbecken zum Schutze der Niederungen hat schon Napoleon richtig erkannt, wie sein oben mitgeteilter Erlass beweist. Ich habe mich wirklich gewundert über den technischen Scharfblick, mit dem in diesem Schriftstücke schon damals gerade auf einige wichtige Mittel einer segenbringenden Wasserwirtschaft hingewiesen ist.

Für die Frage der Sammelweiher kommt es in erster Linie auf die Verteilung der Abflussmengen an; darüber weifs man jetzt noch sehr wenig. In Böhmen, Baden und Württemberg hat man in letzter Zeit, in Frankreich schon früher, hydrographische Institute geschaffen und Kommissionen eingesetzt, die sich mit dieser Frage zu beschäftigen haben; sie haben mit Hilfe der verbesserten Messinstrumente der Neuzeit zuverlässigere Ergebnisse erlangt, als dies früher möglich war.

In Böhmen finden seit 1875 Messungen statt. Bei Tetschen, wo die Elbe Böhmen verlässt, hat man eine zu Messungen besonders geeignete Stelle gefunden, für welche ein Niederschlagsgebiet von 50 600 qkm gegeben ist. Man erhielt hier eine jährliche **Abflusshöhe** von nur 122 mm, während die geschätzte jährliche Regenmenge für Böhmen 488 mm beträgt. Erstere Zahl war für mich von besonderem Interesse darum, weil sich für unsere Gegend im Gebirge ganz andere Resultate ergeben. Interessant waren ferner die Schwankungen, die sich in der Abflussmenge zeigten. Das Maximum stieg auf 180 cbm für 1 qkm und Stunde, das Minimum betrug 3,1 cbm, also nur etwa ein Sechzigstel! Ich wurde zuerst in den Jahren 1875/76 auf die gewaltigen Schwankungen aufmerksam, denen die Abflussmenge der Flüsse im Gebirge, selbst im Sommer, unterliegt. Ich fand damals bei Bauten, die ich an der Roer ausführte, innerhalb 24 Stunden Schwankungen von 2 bis zu 200 cbm i. d. Sek.

Besonders waren in den letzten Jahren die Wasserstände der Lenne für mich von Interesse, wie sie in Altena in den Jahren 1875 bis 1884 festgestellt sind. Es kommen hierbei schon bedeutende Schwankungen vor[1]). Die Wassermengen mussten hier in Ermangelung unmittelbarer Messungen aus den Querprofilen bei den verschiedenen täglich einmal beobachteten Wasserständen und aus dem gemessenen Längsgefälle nach den Formeln von **Ganguillet** und **Kutter** für die Bewegung des Wassers in Kanälen und Flüssen berechnet werden.

Wie aus den graphischen Darstellungen hervorgeht, folgen den stärkeren Niederschlagsmengen auch sehr bald gröfsere Abflussmengen. Es sind auch unter Zugrundelegung der Wassermessunngen bei Altena, nach dem Niederschlagsgebiete umgerechnet, die Abflussmengen bei Rhamede für die Zeit von 1878 bis 1884 berechnet. Der Wassermangel dauert hier oft 8 Monate im Jahre. Wenn man einen regelmäfsigen Betrieb der Wassermotoren unterhalten will, so sind mindestens 400 ltr. i. d. Sek. erforderlich, während die vorhandene Wassermenge auf 100 Sek.-ltr. herabgegangen ist. Im Sommer 1882 ist der Wassermangel durch häufige und starke Niederschläge

---

[1]) Wandtafeln mit graphischen Darstellungen erläuterten während des Vortrages die Zahlenangaben.

weniger fühlbar geworden, während im Sommer und Herbst 1883 anhaltend grofser Mangel eintrat.

In diesem Jahre wurde ich beauftragt, einen Entwurf zur Beschaffung von Wasser auszuarbeiten. Eine auf grund der ermittelten Abflussmengen angestellte Berechnung ergab, dass, wenn die unbenutzten Wassermassen aufgespeichert werden, eine genügende Menge für die Triebwerke vorhanden ist, sobald ein Thalbecken von etwa 700 000 cbm Inhalt geschaffen wird. Ich will nun zunächst noch einige andere Wassermengen aufführen, welche in den Gegenden an der Wupper, in der Gegend von Remscheid, Lennep, Hückeswagen und Dahlhausen angestellt wurden, um die dortigen Wasserverhältnisse kennen zu lernen und demnächst zu verbessern. Zunächst für Remscheid. Es sollte für diese Stadt, deren Wasserwerk für die Zukunft nicht genug Wasser liefert, mehr Wasser beschafft werden. Durch die Erweiterung der jetzigen Stollen in der Thalsohle wäre dieses vielleicht möglich gewesen; allein die hierdurch hervorgerufenen Kosten hätten in keinem Verhältniss zu dem Erfolge gestanden. Aufserdem wären die unterhalb gelegenen Werkbesitzer nicht damit zufrieden gewesen, da sie eine Beeinflussung des Bachwassers im Eschbachthale befürchteten, und bei so grofsem Wassermangel, wie er jetzt im Sommer besteht, ist der Mensch bereit, um jeden Tropfen Wasser, der ihm entzogen wird, einen Prozess zu führen. Also musste das Wasser auf andere Weise oberirdisch gewonnen werden. Es musste nachgewiesen werden, über welche Wassermassen man verfügte. Die bisherigen Schätzungen der Wassermengen an Quellengebieten boten in keiner Weise einen sichern Anhalt, sondern man musste durch Tag und Nacht fortgesetzte Messungen sich von jedem Tropfen der Abflussmenge Rechenschaft geben.

Selbstverständlich konnten diese Messungen nicht durch einen Menschen bewerkstelligt werden, sondern durch eine selbstaufzeichnende Vorrichtung. Zu dem Ende wurde die betreffende Stelle des Baches für ein dahinter liegendes Niederschlagsgebiet von 4,5 qkm durch einen Bohleneinbau von 3,5 m Breite eingefasst und darin mit Hilfe von Schwellen, Quer-

Additional material from *Die bessere Ausnutzung der Gewässer und der Wasserkräfte,* ISBN 978-3-662-32459-2,
is available at http://extras.springer.com

bohlen und Streben mit oben eingesetzter eiserner Schneide ein Ueberfallwehr errichtet. Der Einbau war so bemessen, dass voraussichtlich die höchsten zu erwartenden Wasserstände durch die Vorrichtung noch aufgezeichnet werden konnten. Dass diese Grenze beinahe erreicht ist, zeigen die Hochfluten im März dieses Jahres. Das Messinstrument (s. Taf. I) befindet sich in einem hölzernen überdachten Anbau einige Meter oberhalb des eben beschriebenen Wehres und besteht der Hauptsache nach aus einem mit einer festen Stange verbundenen Schwimmer, welche oben und unten durch Rollen geführt wird und mittels eines Stiftes auf einer mit einem Bogen Papier bespannten Trommel, entsprechend dem Auf- und Niedergehen des Schwimmers, die jedesmaligen Strahldicken aufzeichnet, aus welchen dann nach bekannten, auf grund zahlreicher Messungen entwickelten Formeln die Wassermassen berechnet worden sind. Die Trommel muss natürlich durch ein Uhrwerk in Umdrehung versetzt werden, damit man eine fortlaufende Kurve erhält. Das Instrumentenhäuschen ist durch eine mit 3 kreisrunden Löchern versehene Bohlwand, durch welche das Wasser mit dem Bachwasser in Verbindung steht, von dem Bache getrennt, weil sonst durch starke Wellenbewegung der Schwimmer zu sehr in's Schwanken geraten würde.

Die Aufzeichnungen beginnen mit dem 1. Dezember 1887. Zunächst sind es kleine Mengen, welche aber entsprechend den Niederschlagsmengen schnell wachsen. Schon in den ersten Tagen machen sich Schwankungen bemerkbar. Es tritt dann am 17. Dezember Thauwetter ein, und sogleich zeigt sich eine gewaltige Anschwellung. Dann fällt das Wasser wieder entsprechend dem wieder eingetretenen Froste. Am 9. Januar haben wir wieder Thauwetter und sogleich wieder eine nennenswerte Erhöhung des Wasserspiegels. Nachdem die Wassermenge durch das Frostwetter im März (vgl. Taf. II) auf etwa 80 cbm i. d. Std. heruntergegangen ist, steigt es plötzlich biszu etwa 8040 cbm i. d. Std.

Die im Thale und in der mittleren Höhe des Niederschlagsgebietes gemessenen Niederschlagsmengen für das Gesammtniederschlagsgebiet lassen, graphisch aufgetragen, ihr Verhältnis zu den Abflussmengen genau erkennen. Hieraus geht hervor, dass am 16. April, mit welchem Datum diese Darstellung abschliefst, die gesammten Abflussmassen fast genau gleich dem Mittel aus beiden gesammten Niederschlags-mengen sind. Die Erklärung dieser Erscheinung ist in der Beschaffenheit des Untergrundes zu suchen, welcher aus sehr wenig durchlässigem Lenneschiefer besteht, der an den Thal-hängen von einer festen Thonschicht von 1 bis 1,5 m, an der Sohle von fast 4 m Mächtigkeit bedeckt ist. Die Bodenbe-schaffenheit ist also für die Anlage einer Thalsperre äufserst günstig. Aus den Messungen geht ferner hervor, dass man im Winter mit Sicherheit für 4,5 qkm Niederschlagsgebiet auf eine Abflussmenge von über 2 Millionen cbm rechnen kann. Da nun, wie die Messungen bei Remscheid beweisen, die Abflussmengen f. d. Tag hier zwischen 172 cbm im Sommer und 148000 cbm im Winter schwanken, und da aus den Niederschlagsbeobachtungen des Baumeisters Schmidt in Lennep und seinen mehrere Jahre hindurch täglich 3 mal am Ueberfallwehr zu Dahlhausen gemessenen Strahldicken des Ueberfalles ähnliche Verhältnisse für die Wupper sich zeigen, so sieht man ein, dass in diesen Gebieten das Bedürfnis zur Regelung der Wasserverhältnisse für die hoch entwickelte Industrie in den Thälern des bergischen Landes ein sehr grofses ist. Eine am 23. März dieses Jahres zu Lennep stattgehabte Versammlung von Vertretern der betr. Behörden und Interessenten aus dem Wuppergebiete hat einstimmig die Anlage von 3 Thalsperren im Wuppergebiet als äufserst vorteilhaft anerkannt, und es sind sofort die erforderlichen Gelder zu den umfangreichen Vorarbeiten nicht nur gezeichnet, sondern um 7 pCt. über-zeichnet worden.

Wenn wir die bedeutenden Abflussmengen aus diesen Thälern mit den dagegen sehr geringen Mengen vergleichen, wie sie z. B. für Böhmen beobachtet sind (nahezu 500 mm Abflusshöhe bei Remscheid für die 4 Wintermonate allein gegen 122 mm Abflusshöhe in Böhmen für das ganze Jahr), so werden wir uns sagen müssen, dass mit so enormen

Wassermassen bei geeigneter Verwendung sehr viel erreicht werden kann.

Ich muss zunächst erwähnen, dass die Ansammlung gröfserer Wassermassen sehr alt ist, und dass das Aufgeben dieser Einrichtungen sich als verderblich für ganze Länder gezeigt hat. Das alte Aegypten ernährte 8 Millionen Menschen reichlich auf nur 750 Quadratmeilen Bodenfläche, also auf 1 Quadratmeile 10700 Menschen, und aufserdem fand noch eine Ausfuhr der Landesprodukte statt. Dies wurde möglich durch Ableitung der Gewässer des Nils in Oberägypten mit Hilfe gewaltiger Kanäle. Ein Kanal bei Memphis, der noch dazu nur Zweigkanal war, hatte eine Breite von 100 m. Er führte in ein künstliches Becken, den Mörissee, welcher 12000 ha (nach anderen Ueberlieferungen sogar 120000 ha) Fläche bedeckte und demnach viele tausend Millionen Kubikmeter gefasst zu haben scheint. Die hierdurch aufgespeicherten Wassermassen wurden dann sehr sorgfältig zu Bewässerungen verwandt. Jetzt ist dort alles verfallen und das Land in folge dessen im Vergleich zu früher arm und unfruchtbar. In China, welches Reich seit 4000 Jahren besteht und im bevölkertsten Teile von 73000 Quadratmeilen Gröfse 367,6 Mill. Menschen, also auf 1 Quadratmeile 5030 Menschen ernährt, ist diese Leistung nur möglich durch die ausgedehnte Ausnutzung angesammelter Wassermassen.

In der Provinz Madras in Britisch-Indien sollen 53000 Sammelbecken vorhanden sein.

In Australien sind in neuerer Zeit zu Wasserversorgungszwecken grofse Thalbecken geschaffen.

Ferner ist zu nennen Nordamerika mit mehreren grofsen Sammelbecken; dann in neuerer Zeit unter den südamerikanischen Staaten die argentinische Republik. Dort hat ein früherer Schüler der Aachener Technischen Hochschule, Hr. Dominico, Oberingenieur der Provinz Santa-Fé, nach einem Briefe vom 1. Juni 1885 durch eine Thalsperre ein Sammelbecken von $2^1/_2$ Millionen cbm Inhalt für 500000 M erbaut, um sowohl zur Bewässerung für Weinbau als auch durch

Röhrenleitung für die Staatseisenbahnen daselbst Wasser zu
liefern.

Von europäischen Staaten besitzt zunächst Spanien eine
nennenswerte Anzahl gröfserer Sammelbecken, die zum
gröfsten Teile noch aus der Maurenzeit stammen; sie sind
vielfach bis zu 50 m tief. Ein neues Becken, dasjenige am
Guadarrama, für die Wasserversorgung der Stadt Madrid angelegt, soll sogar über 90 m Wassertiefe besitzen. Frankreich
besitzt zwischen den Vogesen und Pyrenäen zahlreiche Sammelbecken im Gebirge, welche etwa 265 Millionen cbm Wasser
fassen können; ihre Zahl wird fortwährend vergröfsert. Auch
England ist zu nennen, wo die Behälter besonders dem
Zwecke der Wasserversorgung dienen, sowie Belgien, das
in der Gileppe ein Wasserbecken von 12,3 Millionen cbm
Fassungsraum bei 45 m Tiefe besitzt. In den Reichslanden
bestehen oder sind entworfen bezw. in Ausführung begriffen
nicht weniger als 11 Becken; die meisten sind erst seit 1870
entstanden, und ihre Zahl vermehrt sich von Jahr zu Jahr.
In einem sehr interessanten Berichte, welcher von Herrn
Unterstaatssekretär v. Schraut an den Herrn Minister für
auswärtige Angelegenheiten in Preufsen eingesandt worden
ist, und von welchem mir der genannte Herr in entgegen-
kommendster Weise einen Auszug mit sonstigen gewünschten
Angaben sandte, wird ganz besonders hervorgehoben, einen
wie grofsen Nutzen die bereits ausgeführten Anlagen dort
für die Industrie und Landwirtschaft ergaben bzw. noch ergeben werden, und dass lediglich durch Thalsperren eine
wesentliche Verbesserung der Wasserverhältnisse möglich gewesen sei. Dort geht man von staatswegen mit der Errichtung von Sammelbecken vor, und erst jetzt ist wieder im
Landeshaushalt für ein gröfseres Becken im Lauchthal die
Summe von 640 000 $\mathcal{M}$ von der Landesvertretung bewilligt
worden. In Württemberg sind in neuerer Zeit, wie schon
erwähnt, einige ältere abgelassene Sammelweiher wieder her-
gestellt worden, und am Harz bestehen ältere Sammelteiche
von grofsem Inhalt; sonst findet man in Deutschland keine
gröfseren Sammelbecken im Gebirge, besonders nicht aus
der neueren Zeit stammend.

Wenn ich hier ganz kurz den Nutzen angeben soll, den die Sammelbecken im allgemeinen gewähren, so sind folgende neun Punkte aufzuzählen:

1. Durch den Ausgleich der Wassermassen, welchen sie bewirken, liefern sie das ganze Jahr hindurch die für die industriellen Zwecke als Triebkraft und in anderer Weise nötige Wassermenge und ermöglichen es dadurch in vielen Fällen, den Betrieb das ganze Jahr hindurch gleichmäfsig aufrecht zu erhalten, wo sonst während vieler Monate des Wassermangels wegen der Betrieb ausgesetzt oder wesentlich eingeschränkt werden musste. Ein deutliches Beispiel hierfür liefert das Rahmede-Thal zwischen Lüdenscheid und Altena. Dort, wo in dem Thale etwa 2000 Menschen wohnen, müssen in den zahlreichen kleinen, auf Wasserkraft angewiesenen Hammerwerken viele Arbeiter jährlich während der oft 6 bis 8 Monate hindurch anhaltenden trockenen Zeit ihre Arbeit einstellen oder höchst unregelmäfsig betreiben. Dass hierdurch in gewissem Sinne eine Verwilderung der Arbeiterbevölkerung eintreten kann, lässt sich denken. Es wird also durch gleichmäfsigere Arbeit und dadurch geregelten Lebenswandel in vielen Fällen aus der Anlage von Sammelbecken mittelbar ein günstiger Einfluss auf den sittlichen Zustand der Bevölkerung und auf dessen Wohlstand zu erwarten sein.

2. Durch die Aufspeicherung des bei Hochwasser unbenutzt und schadenbringend abfliefsenden Wassers und durch den Aufstau des Wassers in einem Thalbecken wird ein bedeutender Gewinn an mechanischer Arbeit zu erzielen sein.

3. Ein dritter Nutzen liegt in der Möglichkeit der Bewässerung von Ländereien, eine Anwendung, die das Wasser der Sammelweiher vorzüglich in Frankreich gefunden hat. Wie sehr die Fruchtbarkeit des Landes durch reichliche Bewässerung erhöht werden kann, ist ja bekannt. Es ist hierbei darauf aufmerksam zu machen, dass auch diejenigen Ländereien von dem Weiher aus bewässert werden können, welche höher gelegen sind als diese selbst. Denn er liefert ja zugleich in dem aufgestauten Wasser die Triebkraft, mittels deren ein Teil dieses Wassers gehoben werden kann.

3*

4. Als vierte Verwendungsart wäre die städtische Wasserversorgung zu nennen, wobei wieder dasjenige gilt, was ich
eben über das Emporheben des Wassers vom Behälter aus
erwähnt habe. So ist es z. B. in's Auge gefasst, von dem
bei Remscheid anzulegenden Becken aus einen Teil der hoch-
gelegenen Stadt mit Gebrauchswasser durch die neu geschaffene
Betriebskraft zu versorgen.

5. Fünftens würde die Anlage von Thalsperren der Fisch-
zucht zu gute kommen. Das ist eine Rücksicht, die in letzter
Zeit mehrfach Veranlassung gewesen ist, alte aufgegebene
Wasserbecken wieder herzustellen und in Gebrauch zu nehmen.

6. Die von den Sammelweihern aus anzulegenden geschlossenen Leitungen würden neben dem Gebrauchswasser
auch Kraftwasser in gröfsere Entfernungen bringen können,
und es wäre so den benachbarten Städten eine billige Betriebskraft, besonders für das Kleingewerbe, zuzuführen. In Barmen
und Elberfeld würde z. B. das Wasser der im Gebiete der
oberen Wupper geplanten Becken einen solchen Druck besitzen (etwa 200 m), dass schon $1/2$ ltr. i. d. Sek. 1 Pfkr. leisten
würde. Das würde nach den voraussichtlichen Kosten der
Anlage bedeuten, dass die Beschaffung von 1 Pfkr.-Std. nur
etwa 2 Pfg. kostete! Auch durch elektrische Kraftübertragung
auf gröfsere Entfernungen kann gebotenenfalls eine billig
geschaffene Wasserkraft vorteilhaft nutzbar gemacht oder zur
Lichtentwicklung benutzt werden.

7. Eine weitere, siebente Verwendungart des Sammel-
wassers liegt auf gesundheitlichem Gebiete. Die zurückgehaltenen Wassermassen werden zur Spülung der verunreinigten
Wasserläufe verwandt werden können. Das ist eine Frage,
die z. B. für die Wupper von grofser Wichtigkeit ist. Dort
sinkt jetzt die Durchflussmenge der Wupper im Sommer bis
auf 0,6 cbm i. d. Sek., was natürlich nicht ausreicht, um die
Verunreinigungen, die durch die Abwässer der zahlreichen
Fabriken usw. in den Fluss gelangen, in genügender Weise
mit fortzunehmen.

8. Durch die Aufspeicherung der Hochwassermassen wird
die Abschwemmung der Sinkstoffe in den Bergen verhindert,
welche Sinkstoffe sonst im Thale Unheil anrichten würden.

9. Endlich werden die sonstigen Schäden, die das Hochwasser anrichtet, vermieden oder doch wesentlich durch den
Aufstau vermindert, zunächst in den benachbarten Gebieten
und um so mehr, je ausgedehnter das Netz von Sammelbecken geworden ist.

In Anerkennung der erwähnten Vorteile, zu denen gebotenenfalls noch die Speisung von Schifffahrtskanälen kommen
würde, wendet man auch in unserer Gegend der Errichtung
von Thalsperren zur Wasseraufnahme mehr seine Aufmerksamkeit zu. Für das Rahmedethal ist ein Becken von 700 000 cbm
Fassungsraum in der Füelbecke geplant, dessen Kosten auf
240 000 $\mathcal{M}$ veranschlagt sind. Es ist nachzuweisen, dass sich
hier ein baarer Ueberschuss des daraus zu ziehenden Nutzens
über die zur Abschreibung und Verzinsung der Anlagekosten
benötigten Summen von jährlich wenigstens 12 bis 15 000 $\mathcal{M}$
ergeben wird.

Ferner soll im Versethal, oberhalb Werdohl, das etwa
250 m Gefälle besitzt und etwa 40 Werke hintereinander birgt,
ein Sammelbecken von etwa 2 Millionen cbm Inhalt erbaut
werden, das einen baaren Nutzen von etwa 50 000 $\mathcal{M}$ jährlich
verspricht. Es wird für die dortige Industrie besonders
darum vom gröfsten Nutzen sein, weil die Kohlen dorthin
zu Wagen geschafft werden müssen, wodurch sich der Preis
der Dampfpferdekraft sehr hoch stellt.

Ich erwähnte bereits die Thalsperre, die man in der
Nähe von Remscheid errichten will. Hr. Architekt Clodius
hat versucht, sie auch architektonisch auszubilden. Das im
Becken aufgespeicherte bezw. aus ihm nutzbar zu machende
Wasser wird etwa 1 Pfg. für 1 cbm kosten. Der Nutzen für
die unterhalb liegenden Triebwerke würde auch ein bedeutender
sein, und es konnte auf grund der vorher angegebenen Wasser-
messungen mit den Werkbesitzern ein Vertrag abgeschlossen
werden, wonach ihnen stets eine Wassermenge von 6000 cbm
täglich zur Verfügung gestellt wird, während sie bisher aus
dem betreffenden Niederschlagsgebiet im Sommer häufig
längere Zeit hindurch nur 172 cbm täglich erhielten. Hierbei
wird aufserdem die Stadt bis zu 4500 cbm täglich für ihre

Bedürfnisse aus dem Sammelbecken von 1 Million cbm **Fassungsraum** entnehmen können.

Noch ein anderes Becken von 3 Millionen cbm Inhalt ist in der Gegend bei Marienheide für die Wupper entworfen, das den grofsen Vorteil bietet, mit **einer Mauer aus zwei benachbarten Thalbecken das Wasser abzufangen.** Dies Thalbecken hält nicht allein die Niederschläge des Brucherthales auf, sondern auch das Wasser des Wipperthales.

Im Beverthal und Uelfethale sind 2 Becken von ebenfalls je 3 Millionen cbm Inhalt für die Wupper und die genannten Thäler in Aussicht genommen. Auch im Heilenbecker Thale bei Milspe ist ein Sammelbecken von 150 000 cbm Inhalt (für 59 000 $\mathcal{M}$) geplant worden.

Die Kosten für diese Anlagen würden sich sehr niedrig stellen, weil die Verhältnisse hier aufserordentlich günstig liegen. Der Untergrund ist sehr dicht und undurchlässig, das Material für die Mauer kann gleich an Ort und Stelle gebrochen werden, die Wassermenge ist verhältnismäfsig grofs und die Thalbildung eine derartige, dass sich mit einer kleinen Mauer ein grofses Becken abschliefsen lässt. Die Anlagekosten würden für die 3 Thalsperren im Wuppergebiet bei Marienheide, bei Lennep und bei Hückeswagen an einem Punkte nur 11 Pfg. f. d. cbm, an den beiden anderen Punkten auf voraussichtlich 20 Pfg. f. d. cbm Beckeninhalt stellen. Vergleichen Sie hiermit die entsprechenden Zahlen für einige andere Ausführungen, deren grofser Nutzen nachgewiesen ist.

In Frankreich, in der Umgegend von St. Etienne, sind 3 Thalsperren, die bald nacheinander aufgeführt wurden, die eine, Gouffre d'Enfer bei Furens, welche 50 m hoch ist und von welcher Zeichnungen auf der Pariser Ausstellung vom Jahre 1867 Aufsehen erregten, die zweite bei St. Chamond, deren Pläne im Jahre 1873 auf der Wiener Ausstellung zu sehen waren, und die dritte 1873/78 ausgeführte am Pas de Riot. Diese 3 Becken fassen zusammen 5,2 Millionen cbm Wasser; die Herstellungskosten betragen 92 Pfg., 43 Pfg. und 76 Pfg. f. d. cbm Fassungsraum. Bei der Thalsperre zu Bouzey in den Vogesen, die 2,1 Millionen cbm Inhalt hat und 1880 be-

gonnen wurde, ist der Kostenpreis 58 Pfg. f. d. cbm. Die
Gileppe hat bei 12,3 Millionen cbm Inhalt 32 Pfg. f. d. cbm
gekostet. Die Thalsperre bei Alfeld in den Vogesen, 1882/87
ausgeführt, hat für 1,1 Millionen cbm Inhalt 39 Pfg. f. d. cbm
erfordert. Sie sehen also, die Kosten für die erwähnten
Entwürfe an der Wupper sind verhältnismäfsig gering, der
Nutzen grofs.

Um indessen die Ausführung von Thalsperren zu ermöglichen, ist es nötig, da man einige Widerspenstige bei allen
derartigen Anlagen findet, durch ein Zwangsgesetz diese Wider-
spenstigen zum Beitritt zu einer Wassergenossenschaft zu
zwingen. Der Hr. Regierungspräsident in Düsseldorf, Freiherr von Berlepsch, hat sich bereit erklärt, wie aus den ge-
druckten, in einigen Exemplaren den Herren Vereinsmit-
gliedern zur Verfügung gestellten Verhandlungen in Lennep
vom 23. März d. J. hervorgeht, bei den Vorschlägen für die
Fassung des Gesetzes und bei der Förderung der Anlagen
mit lebhaftem Interesse mitzuwirken.

An den Vorstand des Aachener Bezirksvereines ist nun
von dem Vorstand des Hauptvereines deutscher Ingenieure
die Anfrage gestellt, ob er sich bei der Verhandlung über
die Anträge des Bezirksvereines an der Lenne, betreffend die
Anlage von Thalsperren und die hierauf bezügliche Bitte an
den Herrn Minister für Handel und Gewerbe in Preufsen,
baldigst ein Zwangsgenossenschaftsgesetz für diese Anlagen
zu industriellen Zwecken zu schaffen, beteiligen wolle. Dadurch, dass der Aachener Bezirksverein schon vor 5 Jahren
eine Kommission wählte, welche in dieser Richtung thätig
sein sollte, hat er seine Beteiligung an dieser Verhandlung
zugesagt, und ich kann nur wünschen, dass auch im hiesigen
Bezirk von allen beteiligten Kreisen die Frage gründlich ge-
prüft werde, ob nicht in gewissem Sinne auch für die hiesige
Gegend eine Verbesserung der Wasserverhältnisse herbeigeführt
werden könne, wozu meine heutigen, im Auftrage der von
Ihnen gewählten Kommission erstatteten Mitteilungen einige
Anregung zu bieten bestimmt gewesen sind.«

Ueber

bessere Ausnutzung der Wasserkräfte

und eine bessere Wasserwirtschaft.

Vortrag

gehalten auf der

XXXI. Hauptversammlung des Vereines deutscher Ingenieure

am 22. August 1888.

Hochgeehrte Versammlung! Als vor 6 Jahren in folge
eines auf Ihren Wunsch von mir gehaltenen Vortrages über
die beste Ausnutzung der Wasserkräfte Deutschlands[1]) eine
Kommission gebildet wurde, welche die Frage in Erwägung
ziehen sollte: »Auf welche Weise kann das Wasser besser
nutzbar gemacht werden, und wie können die durch das
Wasser hervorgerufenen Schäden gleichzeitig verhindert werden?«, da wurde diese Kommission in ihrer ersten Sitzung,
welche sie in Frankfurt a/M. abhielt, zunächst angeregt durch
die gewaltigen Schädigungen, welche die Ueberschwemmung
des Rheines damals hervorgerufen hatte, und wurde besonders
veranlasst durch eines ihrer Mitglieder, den bekannten Sta-
tistiker Hrn. Geh. Oberregierungsrat Dr. Engel, einen Entwurf zu einem Fragebogen auszuarbeiten, welcher in umfang-
reicher Weise alle hierbei zu stellenden Fragen umfassen
sollte[2]). Es geschah dies nicht in der Erwartung, dass der
Verein deutscher Ingenieure in der Lage sein würde, diese
Fragen vollkommen zu beantworten, sondern in der Hoffnung,
dass es den Staatsbehörden möglich sein würde, sie nach
dieser Richtung hin in Erwägung zu ziehen, zunächst die gewaltigen Schädigungen, welche Jahr für Jahr wiederkehren,
festzustellen, und damit die Frage zu verbinden: wie können
wir eine bessere Ausnutzung des Wassers erreichen, und wie
können wir gegebenenfalls die Schäden vermindern? Es ist
deshalb natürlich auch nicht von den verschiedenen Bezirksvereinen eine ausführliche Beantwortung dieses Fragebogens

---

[1]) Wochenschr. d. Ver. deutscher Ingenieure 1882 S. 381.
[2]) Wochenschr. d. Ver. deutscher Ingenieure 1883 S. 182.

mit erschöpfendem Material eingelaufen, und konnte somit die ausführliche Bearbeitung aller dieser Punkte nicht stattfinden. Wenn der Verein deutscher Ingenieure seine Bezirksvereine, abgesehen von einzelnen, nicht über diese Frage in umfangreichem Mafse gehört hat, so liegt das in der Natur der Sache. Ich war damals genötigt, sozusagen mehr vom akademischen Standpunkt aus, diese Frage zu beleuchten, obgleich ich die Erfahrungen seit 1870 in Rheinland und Westfalen hinter mir hatte, obgleich ich durch Besuch der verschiedenen Ausstellungen überzeugt war und in den Berichten, die ich darüber zu machen hatte, es aussprach, dass noch sehr viel Nationalvermögen auch in Deutschland, besonders in unseren Gebirgsgegenden, deshalb begraben liegt, weil wir nicht im stande sind, augenblicklich die im Gebirge gebotenen Wasserkräfte und die sonstigen Vorteile, die das Wasser dort schaffen kann, auszunutzen. Ich habe also sechs Jahre warten müssen, um bis heute einiges Beweismaterial zu sammeln. Einzelne Bezirksvereine haben bisher ebenfalls nicht geruht; die Frage war von solcher Bedeutung für manche Gegenden, dass darüber ohne irgendwelche Anregung meinerseits jetzt wieder in rührigster Weise von verschiedenen Bezirksvereinen verhandelt ist, von verschiedenen Körperschaften weitgehende Beschlüsse gefasst sind. Ich werde in der Lage sein, darüber einfach zu berichten, ohne meine Meinung dabei in den Vordergrund schieben zu müssen. Ich habe aber doch geglaubt, dem Verein es schuldig zu sein, nach der Aufgabe, die der Kommission gestellt war, welche ja bisher noch nicht aufgelöst worden ist und deshalb auch mit der gegenwärtigen Frage, mit den Anträgen des Bergischen-, Niederrheinischen- und Lennevereines sich befasst hat, im Namen der Kommission im Laufe der verflossenen 6 Jahre Material zu sammeln, um nach dem Sprichwort: »Zahlen beweisen«, hier auch Zahlen vorführen zu können, die nicht theoretisch gedacht, sondern aus der Praxis gegriffen sind. Ich habe, obwohl ich erst vor einigen Tagen telegraphisch die Aufforderung erhielt, zur Beleuchtung der gestellten Anträge hierher zu kommen, das Material graphisch zusammengestellt und bitte Sie, mit

dem vorlieb zu nehmen, was ich in der Kürze der Zeit habe
fertig bringen können.

Nachdem die Frage angeregt war: Wie können wir das
Wasser in den Gebirgsgegenden ausnutzen? haben verschiedene Vereine in ihrem Bezirk diese Frage einer näheren Erwägung unterzogen; einzelne Bezirksvereine und einzelne
Körperschaften haben auf grund der vorhandenen Uebelstände
mich veranlasst, besondere Entwürfe für einzelne Fälle zu
bearbeiten, um Zahlen für die Beurteilung des zu schaffenden
Nutzens, gebotenenfalls auch des zu verhütenden Schadens, zu gewinnen. Von vornherein möchte ich betonen, damit
diese Frage, die in einzelnen Zeitschriften und Vereinen in den letzten Jahren eine grofse Rolle ge-
spielt hat, nicht von falschen Gesichtspunkten
aufgefasst wird: Jeder, der ernstlich prüft, wird
nicht behaupten können, wir wollen Thalsperren
schaffen, um sofort die gewaltigen Schädigungen
der Ueberflutungen für gröfsere Gebiete zu verhindern. Es ist sehr leicht für die Gegner unserer
Bestrebungen, solchen Einwandes sich zu bedienen,
um diese Bestrebungen zu vernichten, weil sich
sehr leicht nachweisen lässt, dass so gewaltige
Wassermassen, wie sie bei Ueberflutungen in grofsen
Niederschlagsgebieten vorkommen, durch solche
Becken, wie man sie in den Gebirgsthälern schaffen
kann, nicht zurückgehalten werden können. Aber
nach dem Sprichwort: »Steter Tropfen höhlt den
Stein«, sollen wir doch den Nutzen, den durch Verminderung des Schadens solche Wasserbecken
schaffen können, nicht verachten, und ich werde in
der Lage sein, an einzelnen Zahlen nachzuweisen,
dass selbst für **kleinere** Bezirke auch **dieser** Nutzen
(durch Verminderung des Schadens) schon ganz bedeutend sein kann, und dass er in jüngster Zeit
verschiedenen Städten und Körperschaften Veranlassung gegeben hat, mit kräftigen Bestrebungen
hervorzutreten.

Gestatten Sie mir, in zeitlicher Reihenfolge die Arbeiten vorzuführen, welche im Laufe der letzten 6 Jahre stattgefunden haben, um diese Frage für einzelne Bezirke näher zu klären.

Zunächst gab die Ueberschwemmung der Rheinlande im Jahre 1883 mir Veranlassung, wochenlang durch das Ueberschwemmungsgebiet zu wandern und die Ursachen der gewaltigen örtlichen Zerstörungen möglichst zu erforschen. Ausgestattet mit einer in zuvorkommendster Weise auf meine Bitte erteilten Vollmacht des Herrn Ministers v. Maybach an alle Behörden war es mir damals leicht, eine nähere Einsicht in die örtlichen Verhältnisse zu gewinnen; aber überall trat die grofse Schwierigkeit der Beurteilung dieser Frage mir entgegen. Es fehlte das Material zur Beurteilung der Abflussmengen und z. t. auch der Niederschlagsmengen. Genauere Messungen über die plötzlichen Anschwellungen und die Wassermengen, die sich durch einzelne Thalbecken ergossen, waren nicht gemacht worden. Wohl sah man die Folgen der plötzlichen örtlichen Anschwellung einzelner, oft winzig kleiner Gebirgsbäche, die im Sommer fast verschwinden, man sah z. t. gewaltige Felsblöcke und Gerölle aus den Gebirgsseitenthälern heruntergewälzt in das Thal hinein und sah, wie die losgerissenen Massen als Kiesbänke sich in die Niederungen fortbewegt und Veranlassung zu neuen Schäden gegeben hatten. Es war also, wie gesagt, Zahlenmaterial zur Beurteilung dieser Erscheinungen nicht vorhanden. Das war leicht dadurch erklärlich, dass es an besonderen Behörden mangelte, welche im stande gewesen wären, solche genauen Messungen und Zusammenstellungen zu machen. Es ist auch sehr erklärlich, dass die zur Ueberwachung und Korrektion der Flussgebiete, zur Erhaltung der Schiffbarkeit mancher Flussstrecken eingesetzten Behörden nicht die nötige Zeit und, wie einzelne Techniker mir ausdrücklich erklärten, nicht die nötigen Geldmittel, auch nicht das erforderliche Personal besafsen, um solche ausführlichen, kostspieligen und zeitraubenden Beobachtungen und Messungen zu machen. Ich werde an der Hand der hier ausgehängten Zusammenstellungen, die sich auf einzelne solcher Messungen beziehen, Ihnen nachweisen, welch ein Umfang von Arbeit und welch ein Aufwand an Zeit und Geld nötig sind, um diese Frage reiflich zu erwägen.

Immerhin gaben doch schon damals meine Beobachtungen mir die feste Ueberzeugung, dass in den Gebirgsgegenden Einwirkungen zu suchen sind, die man in den Niederungen im ersten Augenblick nicht ahnt. Die Ergebnisse unserer Beobachtungen aus dem Gebiete am Rhein und in der Nähe der Wupper werden Ihnen beweisen, dass die Zahlen wirklich überraschend sind, die man hier schon auf verhältnismäfsig kleinem Gebiete hat sammeln können. Es ergiebt sich daraus, dass die Aufmerksamkeit aller Bewohner eines Landes, insbesondere Deutschlands, wohl auf die Gebirgsgegenden ganz besonders hingelenkt werden darf, und dass nicht einzelne unserer Bezirksvereine z. B. sagen sollten: »Die Frage hat für uns ein besonderes Interesse nicht«. Ein mittelbares Interesse hat sie unter allen Umständen!

Ich wurde also zunächst nach den Beobachtungen von 1883 durch die Erscheinungen, die überall in Gebirgsgegenden sich in genügender Weise bemerkbar gemacht hatten, 1884, veranlasst, den ersten gröfseren Entwurf für die Füelbecke zu bearbeiten.

Gestatten Sie mir nun, zunächst darauf hinzuweisen, welche Schwierigkeiten sich dem Techniker sofort bei Bearbeitung eines solchen Planes entgegenstellen. Es handelt sich natürlich darum, wenn man Verbesserungen schaffen will, die Uebelstände genau zu kennen. Wir müssen wissen, wie das Wasser kommt und wie es geht, welche Niederschlags- und welche Abflussmengen vorhanden sind. Ich werde mir einen Augenblick gestatten, an der Hand der Darstellungen noch einige Erläuterungen zu geben. Es waren damals im Lennegebiet in Altena vom Verein für Orts- und Heimatskunde Beobachtungen gemacht, und zwar von 1877 ab Wasserstandsbeobachtungen der Lenne in Altena jeden Tag einmal, bis in die jüngste Zeit, und Niederschlagsbeobachtungen der Regenmengen von 1881 ab. Das war alles, was mir an Zahlen zur Verfügung stand. Hieraus sollte nun die Frage beantwortet werden: Wie stellen sich für ein bestimmtes Gebiet — hier die Füelbecke — die Wasserverhältnisse, welches Niedrigwasser, welches Hochwasser ist vorhanden? Es blieb mir damals nichts anderes übrig, als einen Teil der Grundlagen zur Bearbeitung selbst zu schaffen. Es wurden Vermessungen der Lenne vorgenommen und aus diesen Grundlagen: Längsgefälle, Querprofile und Beschaffenheit der Flusssohle, liefsen sich nach bekannten Formeln von Ganguillet und Kutter, die Jahrzehnte hindurch angewandt und mit verschiedenen Messungen verglichen sind, die Mengen herausrechnen, welche die Lenne bei verschiedenen Wasserständen führt. Die Ergebnisse sind hier graphisch dargestellt. Mit Rücksicht auf den hier verzeichneten Wasserstand von 154 bis 158 m über N.-N. sind die Wassermengen graphisch dargestellt, bis zu 42 Millionen cbm täglich hinaufgehend, bis zu etwa 80 000 cbm täglich bei kleinem Wasser heruntergehend. Das Endergebnis war, dass die in einem Jahr abfliefsenden Wassermengen etwa 70 bis 71 pCt. der Gesammtniederschläge betragen, eine Zahl, die für Gebirgsgegenden mir wenigstens damals als annähernd richtig erschien. Auf diese Zahlen hin konnten nun im Verhältnis der Gröfse der Niederschlagsgebiete die Wassermengen ausgerechnet werden, die in den Seitenthälern im Laufe des genannten Jahres bezw. der einzelnen Monate und Wochen sich thalwärts ergossen haben mussten.

Darauf wurde folgende Darstellung gemacht. Es wurde ermittelt, wie die Niederschlags- und die Abflussmengen sich für das Thal der Rahmede stellten, und welche Wassermengen die Industrie für ihren Betrieb gleichmäfsig nötig hat. Die rotbezeichneten Lücken der Darstellung geben die Wassermengen an, welche für den gleichmäfsigen Betrieb im Rahmedethale gefehlt haben. Es geht daraus hervor, da jeder dieser Absätze in der Darstellung eine Woche bedeutet, dass viele Wochen, ja viele Monate, 6 bis 8 Monate in einzelnen Jahren, die Industrie an einem ganz aufserordentlichen Wassermangel gelitten haben muss, und diese Darstellungen stimmen merkwürdig genau mit allen Notizen überein, die man dort seitens der Industrie gesammelt hat. Eine Beseitigung des unregelmäfsigen Abflusses bezw. ein Ausgleich der Wassermengen für das Rahmedethal ist also von grofser Bedeutung; denn die Industrie war nicht in der Lage, da sie in diesem Thal wesentlich von dem Abfluss des Wassers abhing, bestimmte Lieferfristen inne zu halten; sie war genötigt, monatelang lahm zu liegen. Die Arbeiter konnten nicht regelmäfsig arbeiten, und was das heifsen will, weifs jeder zu würdigen, der einmal in einer Gebirgsgegend gewesen ist. Damit hing der Niedergang der sozialen Verhältnisse der Arbeiter innig zusammen. Es waren sogar, wie ich hier wohl hervorheben darf, die Arbeiter aus diesem Thal und einigen anderen Thälern verrufen, weil sie, durch den Mangel an regelmäfsiger Arbeit zu einem weniger soliden Leben veranlasst, sich nicht an Ordnung gewöhnen konnten.

Es lag also im allseitigen Interesse, diese Wasserabflussmenge zu regeln, und so entstand die Frage: Wie kann das geschehen? sind Wassermassen vorhanden, um für das Jahr gleichmäfsig einen Ausgleich zu schaffen? M. H., die graphische Darstellung zeigt es: sie sind vorhanden. Was über die rot bezeichnete Grenze hinausgeht, das sind die überschüssigen Abflussmengen, die nicht nur ohne Nutzen, sondern mit gewaltigem Schaden thalwärts sich ergiefsen. So hat in diesem Jahre noch bei plötzlicher Anschwellung im Frühling in einem ganz kleinen Seitenthal dieser Bach, der zeitweise winzig klein ist, einen Schaden von 60 000 $\mathcal{M}$ angerichtet; ganze Werksanlagen sind plötzlich in einer Nacht niedergerissen. Also die Wassermassen sind vorhanden, wie sich aufgrund dieser Ergebnisse schätzungsweise wenigstens berechnen liefs, und diese Wassermassen — das ist natürlich die erste Aufgabe — mussten aufgespeichert werden. Die wichtige weitere Frage war dann: durch welches Becken, wo und in welcher Gröfse kann man diese Wassermassen aufspeichern, um dauernd gleichen Abfluss zu schaffen? Das ist eine aufserordentlich wichtige Frage, weil sie mit der Geldfrage der ganzen Anlage innig zusammenhängt. Man kann ein Becken viel zu grofs machen, so dass

es nie gefüllt wird, oder viel zu klein, so dass es stets über-
läuft. Es heifst also hier, die richtige Gröfse zu treffen, und
dazu wäre es wünschenswert, in den verschiedenen Thälern
fortlaufend, bei Tag und Nacht, aufgenommene Messungen über
die Wassermenge zu haben, weil man dann mit möglichst
grofsem Vorteil bezüglich der Kosten eine solche Anlage
berechnen kann.

Es liefs sich im vorliegenden Falle zunächst nachweisen,
dass sich in einem nicht weiter benutzten Seitenthal ein solches
Sammelbecken, die sogenannte Füelbecke, wie sie in der
roten Fläche auf der Karte des Niederschlagsgebietes dargestellt ist, schaffen liefs, grofs genug, um durch seinen
Inhalt einen vollkommenen Ausgleich das ganze Jahr hindurch für die Industrie zu bieten. Hierbei will ich
noch bemerken, dass in diesem Thal etwa 2000 Bewohner
von der Industrie abhängen; es lag also ganz gewiss schon
im allgemeinen Interesse, hier einen Ausgleich zu schaffen.
Ich darf auch noch hinzufügen, dass dort diese Frage nicht
zuerst durch mich angeregt worden ist; ich betone das, weil
sonst der Verdacht aufkommen könnte, dass ich immer den
Anstofs und die Anregung zu solchen Bestrebungen gegeben
hätte. Ich habe mir den Zwang auferlegt, trotz meiner
Ueberzeugung, mich zurückzuhalten, und bin nur durch die
Macht der Verhältnisse gezwungen worden, in diese neuen
Entwürfe immer wieder einzutreten.

Nachdem einzelne Herren — ich nenne insbesondere den
jetzt verstorbenen Landrat von Holtzbrinck — von dem Plan
eines Ausschusses gehört hatten, welcher in Altena gebildet
war, um ein grofses Wasserbecken im Gebirge zu schaffen,
damit die Industrie das Jahr hindurch mit Wasser versorgt
werden könne, wurde dieser Plan fast mit Hohnlächeln be-
urteilt, weil im ersten Augenblick kein Mensch es fassen
kann, dass in einem verhältnismäfsig kleinen Thal so gewaltige Wassermassen sollten aufgespeichert werden können,
um ein ganzes Jahr hindurch der Industrie zu nützen. Nachdem aber auf grund dieser Berechnungen und Messungen die
Verhältnisse klar gelegt waren, nachdem gezeigt war, dass

mit einem verhältnismäfsig geringen Anlagekapital von etwa
240 000 $\mathcal{M}$ das genügende Wasser das ganze Jahr hindurch
geliefert werden könnte, nachdem gezeigt war, dass eine
solche Absperrung an einem besonders günstigen Punkte, wo
zwei Thäler zusammentreffen, ausführbar war, wie der Grund-
riss es zeigt, dass der Untergrund aus Felsen, aus Lenneschiefer von vorzüglicher Dichtigkeit gegeben war, dass die
Steine zur Ausführung solcher Mauern an Ort und Stelle zu
finden waren, da änderten sich die Ansichten jener Herren,
die vorher Gegner gewesen waren; sie wurden zu eifrigen
Förderern der Angelegenheit, so dass der Landrat von Holtzbrinck am 6. Februar 1885 seinen Bericht an die Behörde
mit der Schlussbemerkung versah: »Ich bin daher der Meinung,
dass es wesentlich im allgemeinen Interesse liegt, mit
allen Kräften auf die oben gedachten Unterstützungen, also
auch auf die Herstellung des Wasserbeckens in der Füelbecke,
welches auch für jede veränderte Industrieanlage grofsen
Wert behält, zu wirken.«

Ebenso sprach sich die Handelskammer des Lennegebietes
durchaus befürwortend aus. Es war nun — das möchte ich
betonen, weil diese Aeufserung mich später veranlasst hat,
die Vorarbeiten weiter auszudehnen, als früher möglich war —
in dem Berichte, der ursprünglich von dem betreffenden
Meliorationsbauinspektor über das Projekt der Füelbecke
eingefordert war, mit einer scheinbaren Berechtigung gesagt:
was die Wassermengen anbeträfe, so könne man auf solche
Wasserberechnungen hin im allgemeinen einen solchen Entwurf wohl noch nicht begründen, weil nicht zuverlässig genug
nachgewiesen sei, dass wirklich die erforderliche Wassermasse
vorhanden sei. Heute darf ich behaupten, dass viel mehr
vorhanden ist, als ich damals annahm. Aber die Herren
werden einsehen: ein anderes Material stand mir damals
nicht zu gebote, um die Wassermengen in der Füelbecke zu
schätzen, als die Grundlage der Beobachtungen an der Lenne.
Es hätten also Messungen angestellt werden müssen, um die
Mengen genauer zu ermitteln. Gewiss ist das im allgemeinen nötig und wünschenswert; aber so, wie die Verhält-

4*

nisse hier lagen, wo nachgewiesen war, dass das Becken sehr
reichlich von dem Niederschlagsgebiet gefüllt werden konnte,
da hiefs es, eine gute Sache nur aufhalten, wenn man jahrelange Beobachtungen machen wollte. Immerhin aber schien
es mir nötig, demnächst für die weitere Bearbeitung der Sache
anderweitig genaue Messungen vorzunehmen, und ich bin in
der That überrascht gewesen von den Resultaten, die
sich in einzelnen Gebirgsgegenden ergeben haben, die
alle Erwartungen weit übersteigen. Ich werde gleich in
der Lage sein, an der Hand der Darstellungen das nachzuweisen. Ich hatte damals rechnungsmäfsig angenommen,
dass für ein Niederschlagsgebiet von $3^1/_2$ qkm, wie es in der
Füelbecke geboten war, bei einem Beckeninhalt von 700 000 cbm
jährlich eine Gesammtmenge von mindestens 1 Million Kubikmeter für die Triebwerke nutzbar gemacht werden könnte,
und es zeigt sich nach allen jetzt festgestellten Thatsachen,
dass noch eine erheblich gröfsere Wassermenge aus einem
solchen Becken und einem solchen Niederschlagsgebiet geliefert werden kann.

Was nun den Verlauf der Verhandlungen über die Anlage dieses Beckens betrifft, so stellte sich hier sofort ein
Hindernis heraus, welches sich später überall gezeigt hat,
wo eine solche Anlage durchgeführt werden sollte, und
welches die Veranlassung zu den heutigen Anträgen der genannten Bezirksvereine gewesen ist. Von einigen 20 Interessenten, die sich infolge des Notstandes der Wasserverhältnisse zusammenthaten, zeigten sich 17 oder 18 — später
sind es 20 geworden — für das Unternehmen, einzelne dagegen. Diese einzelnen Gegner waren nach der bisherigen
Lage unserer Gesetzgebung im stande, die Sache zurückzuhalten; sie konnten ihr Veto einlegen, und die Genossenschaft, die sich bilden wollte, konnte nicht zu stande gebracht
werden, trotz der grofsen Vorteile der geplanten Anlage, trotz
der gewaltigen Not, in welcher die Gesammtindustrie dort
gegenwärtig noch schwebt, trotz der grofsen Schädigungen,
die jedes Jahr bei Anschwellungen, die wir nicht blofs im
Winter, sondern auch jetzt wieder sogar im Sommer erlebt
haben, sich immer wieder einstellten.

Gleichzeitig mit diesem Entwurf an der Füelbecke wurde durch Hrn. Kommerzienrat S e l v e in Altena ein Thalsperren-entwurf für das Gebiet der Verse angeregt, eines Seitenflusses der Lenne mit etwa 250 m Gefälle vom Gebirge bis Werdohl auf etwa 22 km Länge. Es wurde nachgewiesen, dass bei der Anlage eines von mir durch Ortsbesichtigung als besonders vorteilhaft aufgefundenen Beckens von etwa 2 Millionen Kubikmeter Inhalt die gesammte Industrie im ganzen Thal — auch dort sind einige 20 Werkbesitzer und, wenn ich nicht irre, etwa 40 beteiligte Werke — das ganze Jahr hindurch reichlich Wasser haben würde, dass die Anlage zwischen 4- und 500000 $\mathcal{M}$ kosten und dass sich aufser Verzinsung und Abschreibung mit 6 pCt. ein jährlicher Ueberschuss, wenn man nur Tagbetrieb annahm von 30000 $\mathcal{M}$, wenn man Tag- und Nachtbetrieb annahm, von 80000 $\mathcal{M}$ herausstellen würde. Auch hier war dasselbe Hindernis. Einzelne Werkbesitzer, welche dachten, von den anderen mitgeschleppt werden zu können, zeigten sich als Gegner und verhinderten bisher die Durchführung der Anlage. Es wurden Berichte gemacht, zunächst an den Herrn Minister für landwirtschaftliche Angelegenheiten, der die Sache an das Ministerium für Handel und Gewerbe verwies, und von dort her, wie Sie wohl erfahren haben, ist jetzt die Enquête veranlasst über die Frage, ob es ratsam sei, das Zwangsgenossenschaftsgesetz, wie es seit 1879 für Ent- und Bewässerungsgenossenschaften besteht, auszudehnen auf Wassergenossenschaften für die Anlage von Sammelbecken, welche industriellen Zwecken dienen sollen. Aus der Fassung dieser Enquête dürfte hervorleuchten, wenn man den ganzen Verlauf dieser Angelegenheit hierbei in Rücksicht zieht, dass der Herr Minister wohl gesonnen ist, dieser Sache eindringlich näher zu treten, besonders, da verschiedene Regierungen jetzt schon Veranlassung genommen haben, sie sehr warm zu befürworten.

Aufser dieser Anlage für das Versethal spielt noch eine kleine später entworfene Anlage bei Milspe von 160000 cbm Beckeninhalt eine Rolle. Auch dort dasselbe Bild: Einige gegnerische Beteiligte sind imstande gewesen, die von den übrigen dringend gewünschte Ausführung zurückzuhalten.

Im vorigen Jahre trat die Stadt Remscheid mit dem schon längst gehegten Plane hervor, für das dortige Gebiet, das Eschbachthal, ein Sammelbecken einzurichten, welches zunächst für die Wasserversorgung der Stadt Remscheid das fehlende Wasser sichern und gleichzeitig den Werkbesitzern im Eschbachthale für den Sommer ausreichendes Betriebswasser liefern sollte. Hierdurch war zunächst für mich die Veranlassung gegeben, da dieser Plan einer sehr baldigen Ausführung entgegengeht, in ausreichendem Maſse die Vorarbeiten zu erledigen, weil hier für mich die sehr schwierige Frage gestellt war: Ueber welche Wassermengen können wir für die Stadt und für die Werkbesitzer verfügen? Ich war aber nicht in der Lage, da es sich besonders um die Schwankungen der Wassermengen im Sommer handelte, auf grund der Niederschlagsbeobachtungen zu schätzen, wie viel Wasser hier in den verschiedenen Monaten verfügbar sein würde; sondern es mussten Messungen vorgenommen werden.

Diese Messungen konnten ihren Zweck nur erfüllen, wenn sie in ausführlichstem Maſse stattfanden, d. h. es durfte kein Tropfen, wenn ich mich so ausdrücken darf, dabei verloren gehen. Hierauf beziehen sich die Darstellungen, die ich gleich erläutern werde, und die zu den Messungen an Ort und Stelle aufgestellte Vorrichtung. Einzelne Augenblicksmessungen konnten kein genaues Bild geben; das Wasser musste ununterbrochen gemessen werden. Dazu bedurfte es zunächst einer Vorrichtung, welche ununterbrochen aufzeichnet; denn Menschen zu diesem Zwecke hinzustellen, war ein Ding der Unmöglichkeit.

Ich darf hier schon behaupten, dass alle derartigen Messungen, mögen sie wöchentlich, mögen sie monatlich angestellt werden, für genaue Bestimmung keinen Wert haben. Aus der Darstellung werden Sie sehen, wie gewaltig und wie schnell die Wassermassen im Gebirge sich ändern. Damit sicher sämmtliches Wasser gemessen wurde, ist nach Maſsgabe des Niederschlagsgebietes die Vorrichtung reichlich groſs gemacht worden.

Der Durchfluss-Apparat[1]) von $3^1/_2$ m Lichtweite ist mit
einem vollkommenen Ueberfallwehr versehen, die Wehrkrone
gebildet durch ein scharfkantiges Blech. Das Stauwasser
oberhalb des Wehres ist durch eine mit Löchern versehene
Trennungswand in Verbindung gesetzt mit einem Nebenraum,
in welchem ein Kupferblechschwimmer mit senkrechter Stange
durch den Wechsel des Staues steigt und fällt. Die Stange
trägt am Ende einen Stift, der durch eine Feder gegen eine
durch ein Uhrwerk in Bewegung gesetzte Trommel gedrückt
wird. Also ein verhältnismäfsig einfaches Gerät. Die Trommel
wird mit Papier bespannt, und nun zeigt hierauf der
Stift die Höhe des Wasserstandes an; es werden also die
Strahldicken des über das Ueberfallswehr sich ergiefsenden
Wassers aufgezeichnet.

Ich hatte anfangs Besorgnis, mit dieser Vorrichtung an
die Oeffentlichkeit zu treten, weil zu befürchten war, dass sie
in jenen Gegenden, wo grofse Kälte vorkommt, versagen
möchte, und ein einziges Versagen hätte ja den Nutzen der
Aufzeichnungen vereitelt. Sie hat aber trotz 14° Kälte niemals ihren Dienst versagt. Es ist nämlich dieser Ausbau,
der den Schwimmer trägt, in die Thalwand eingebaut, rund
herum dicht geschlossen und überdacht und von Erdreich
umgeben, sodass ein Einfrieren nicht eintrat, um so weniger,
als die Temperatur des einströmenden schnell fliefsenden
Bachwassers immer einige Grade über Null zeigt.

Diese Vorrichtung hat also ununterbrochen gearbeitet,
und nun sehen Sie hier die graphischen Darstellungen der
Messungsergebnisse[2]). Sie beginnen hier mit dem Dezember.
Am 1. Dezember fing man an zu arbeiten, nachdem ein paar
Tage vorher die Messvorrichtung aufgestellt und untersucht
worden war. Sie hat, wie Sie sehen, Kurven aufgezeichnet;
etwa 140 mm Breite (wagerecht gemessen) entspricht einem
Tage, während die Wasserstrahldicken in natürlicher Gröfse
senkrecht dargestellt sind. In den ersten Tagen des Dezembers

---

[1]) Siehe Seite 31.

[2]) Einen Teil dieser Aufzeichnungen siehe Taf. II (Seite 31).

kam plötzlich eine mächtige Ansteigung, veranlasst durch
eine Temperaturerhöhung, also Schneeschmelze. Die damit
gekommenen Niederschläge sind hier rot dargestellt. Stärkere
Niederschläge und Erhöhung der Temperatur ergaben plötzlich
diese Anschwellungen. Es sind auch in der Aufzeichnung
die Schwankungen zu erkennen, welche während des Ueber-
laufens die Wasserstandsschwankungen veranlasst haben, und
es ist jeden Mittag 12 Uhr zur Vorsicht der wirkliche Wasserstand gemessen, um sich zu vergewissern, ob ein Hindernis
für die Bewegung sich eingestellt hätte. Der wirkliche
Wasserstand stimmte immer bis auf $\frac{1}{2}$ mm genau überein
mit dem aufgezeichneten. Aus den Wasserstrahldicken lassen
sich nach bekannten Versuchen sehr genau die ablaufenden
Wassermengen bestimmen.

Schon bei dieser Darstellung möchte ich auf die Frage
kommen: Wann sollte man wohl das Wasser messen, um
durch einmalige oder mehrmalige Messungen einen annähern-
den Anhalt für die Gesammtmenge zu bekommen? Wir wissen
gar nicht, wenn wir messen, ob wir uns in ansteigender oder
abfallender Linie befinden; deshalb haben örtliche beschränkte
und zeitweise Messungen aufserordentlich geringen Wert. Wir
sehen z. B. im Dezember und Januar mehrfache Anschwellungen; diese wiederholten Anschwellungeu, die wir im
Rheinland erlebt haben, der wiederholte Abgang der Schnee-
massen giebt eine Erklärung dafür, weshalb wir am Rhein
in diesem Jahre von grofsen einmaligen Ueberflutungen ver-
schont geblieben sind. Das Wasser ist durch wiederholte
Abschmelzungen des Schnees vorher weggegangen, so dass
wir trotz wiederholter Anschwellungen doch nicht die Ueberflutungen wie früher gehabt haben. Dann kommt der März
mit grofsen Anschwellungen. Wir haben hier einen kleinen
Wasserstand bis zum 7. März; plötzlich tritt Thauwetter ein,
eine Schneeschmelze, und wir sehen, wie plötzlich am 10. März
die Wassermasse anschwillt, und wie diese Anschwellung
noch einige Tage anhält. Wir haben bei den Beobachtungen
im Winter kleine Wassermengen von etwa 70 cbm in der
Stunde, während die Anschwellung am 10. März bis zu

8040 cbm in der Stunde ergab. In früheren Jahren ist die kleinste Wassermenge im Sommer bei anhaltender Trockenheit zu 7 cbm in einer Stunde festgestellt worden; es ergiebt sich daraus ein Grenzverhältnis von 7 : 8040 cbm in einer Stunde. Im März haben wir hier in 3 Tagen eine Abflussmenge von 350000 cbm. Wir sehen später wiederum eine Anschwellung und im Mai und Juni abermals solche Anschwellungen und Abnahmen sich zeigen. Erst im Juni trat in diesem Jahre im Gebirge der Pflanzenwuchs voll in seine Rechte, und hier verzehren nun, wie wir sehen, Pflanzen und Hitze eine ganz aufserordentliche Wassermenge, so dass nur ganz wenig abfliefst. Erst nachdem es anhaltend im Juli geregnet hat, kommen plötzlich Anschwellungen und dann wieder ein gewaltiger Nachlass; im Laufe von 24 Stunden ergeben sich ganz aufserordentliche Schwankungen. Hier haben sie auf besonderer Tafel zusammengestellt die Wassermengen, wie sie sich vom 1. Dezember bis jetzt ergeben haben, ebenso die Niederschlagsmengen, an zwei verschiedenen Punkten des Niederschlagsgebietes beobachtet. Wir sehen, wie die Gesammt-Abflussmengen hier unter den Gesammt-Niederschlagsmengen bleiben, und wie sie später sich dieser Menge nähern; noch bis in den April hinein ist die Gesammt-Abflussmenge ziemlich genau gleich der mittleren Niederschlagsmenge, welche ich hier gezeichnet habe, also fast kein Verlust in 4 Monaten. Wir sehen erst später durch den Mai, Juni und Juli hindurch, wie die gewaltigen Niederschläge nicht zum Abfluss gelangen, sondern die gesammte Abflussmenge wegen des Pflanzenwuchses und hoher Temperatur zurückbleibt, obgleich, wie wir sehen, Ende Juli der Abfluss dem Niederschlag sich wieder nähert. Es ergiebt sich jetzt schon bis Ende April ein Verhältnis vom Abfluss zum Niederschlag von 75,5 pCt, d. h., $^3/_4$ des gesammten Niederschlages ist abgeflossen.

Wir haben in 8 Monaten eine Abflusshöhe von 680 mm, was nach den bisherigen Erfahrungen unglaublich erscheinen könnte; da die folgenden Monate noch bedeutende Abflüsse bringen müssen, so werden wir auf etwa 1000 mm Abflusshöhe

und darüber kommen, und damit müssen wir die anderweitig
gefundenen Zahlen vergleichen. Es sind im Königreich
Böhmen ausführliche Messungen durch die hydrographische
Kommission unter Leitung von Professor Harlacher bei
Tetschen ausgeführt; dort hat man festgestellt, dass im Laufe
des Jahres auf das beobachtete Gebiet nur 122 mm Abflusshöhe
gekommen ist. Wir nehmen für unsere Niederungen auch etwa
soviel, unter Umständen etwas weniger oder etwas mehr, je
nach der Gröfse des ganzen Niederschlagsgebiets, an. Wenn
wir damit die grofse Abflussmenge vergleichen, die wir hier
im Gebirge gefunden haben; wenn wir ferner berücksichtigen,
dass die gewaltigen Gefälle von ein paar hundert Metern,
mit denen diese Wassermengen aus dem Gebirge in die
Niederungen herunterstürzen, doch eine grofse Gefahr für die
Gebirgsgegenden bringen, weil die im Wasser steckende
mechanische Leistung nicht nutzbar gemacht wird, sondern
nur Schaden bringt, die Gebirgsgegenden zunächst und dann
auch die Thäler beschädigt, so werden Sie wohl zugeben,
dass unsere Gebirgsgegenden in dieser Beziehung gröfsere
Bedeutung beanspruchen dürfen, als man ihnen gewöhnlich
beimisst. Man rechnet gewöhnlich nur die verhältnismäfsig
kleinen Niederschlagsflächen im Gebirge im Vergleich mit
den Niederschlagsflächen im Thal; man vergisst aber die
grofse Wucht, mit der das Wasser im Gebirge herunterstürzt,
und die verhältnismäfsig geringe Geschwindigkeit des Wassers
in den Niederungen.

Wir haben in Remscheid seit einigen Jahren im mittel
1500 mm Regenhöhe beobachtet, schwankend etwa zwischen
1100 und über 2000 mm, während wir im mittel für Deutschland nur 710 mm annehmen. Also die grofsen Niederschlagsmengen im Gebirge geben relativ und daher absolut grofse
Abflussmengen; dazu kommt das Gefälle, und alle diese Um-
stände vereinigen sich, um grofse Schäden herbeizuführen.
Wo wir also, sei es auch nur in kleinen Mengen, das
Wasser zurückhalten können, wo sie nutzbringend
wirken können, um die Anlagen bezahlt zu machen,
da, meine ich, begehen wir eine Sünde, wenn wir

dies nicht thun. Denn die Milderung der Schäden wird ja von selbst hinterher kommen.

Es würde mich wohl zu weit führen, wenn ich heute darauf eingehen wollte, welche Mittel man in anderen Staaten angewandt hat, um die grofsen Wasserschäden zu mildern. Ich darf auf einige Schriftstücke verweisen, die ich heute mitgebracht habe, und worin Sie u. a. finden, welche Mittel man besonders in Frankreich seit den grofsen Ueberschwemmungen an der Loire im Jahre 1856 in Anwendung gebracht hat. Gestatten Sie mir, nur ganz kurz darauf hinzuweisen, welche Mittel damals schon nach den gewaltigen Erscheinungen von 1855 in Frankreich als richtig zur Anerkennung gelangten, und dass Napoleon III, der sich damals ganz besonders mit dieser Frage befasste, folgende Ausdrücke gebrauchte in bezug auf Gegenden, die durch Deiche sich schützen lassen wollten:

Er sagte: »Das System der Dämme ist jedoch nur ein »Palliativ, das den Staat zu grunde richtet, und zu unvoll- »kommen, um unsere Binnengelände zu schützen; denn »im allgemeinen werden die Erd- und Schlickmassen, die »das Wasser zuführt, unaufhörlich die Sohle der Flüsse »erhöhen, und da die Flussbreite immer zwischen Dämmen »eingeschränkt ist, wird man gezwungen sein, auch die »Dämme immer zu erhöhen und zu verstärken, wohl auch »diese ununterbrochen auf beiden Ufern fortzusetzen und »immer unter genaue Aufsicht zu stellen«.

ferner:

»Die ganze Aufgabe ist also die, den jähen Wasserandrang »hintanzuhalten bezw. ihn zu verspäten. Diese Ver- »spätung ist darzustellen durch in alle Nebenflüsse bei »der Mündung der Thäler und überall, wo die Wasser- »läufe eingefasst sind, zu machende Barrages oder Wehre, »die nur in der Mitte einen engen Durchlass dem Wasser »gestatten, und die es aufhalten, wenn seine Menge sich »vermehrt, wodurch am Abfluss Reservoirs oder Be- »hälter entstehen, die sich nur langsam entleeren. Man »muss im kleinen machen, was die Natur im grofsen ge-

»macht hat. Wenn die Seen von Constanz (Bodensee)
»und Genf nicht wären, würden die Thäler des Rheins
»und der Rhone nur grofse Wasserflächen bilden; denn das
»Wasser dieser Seen erhöht sich jedes Jahr ohne viel
»Regen und nur durch das Schmelzen des Schnees
»um 2 m bis 3 m, was für den Bodensee eine Ver-
»mehrung von ungefähr $2^1/_2$ Milliarden und für den Genfer
»See eine Vermehrung von 1 Milliarde 770 Millionen cbm
»Wasser ausmacht. Selbstverständlich würde diese unge-
»heuere Wassermenge, wenn sie nicht an der Mündung
»dieser beiden Seen durch Gebirge, die den Ablauf nur
»als breite und tiefe Flut gestatten, zurückgehalten wäre,
»jedes Jahr die allerschrecklichsten Ueberschwemmungen
»verursachen. Diesem Winke bezw. dieser Lehre der
»Natur ist man gefolgt, als man vor mehr als 150 Jahren
»ein Wehr in die Loire baute, dessen Nutzen deutlich in
»dem Bericht des Hrn. Collignon, Abgeordneten von der
»Meurthe, an den gesetzgebenden Körper im Jahre 1847
»bewiesen ist.«

Dann wird als Beispiel aus der früheren französischen
Zeit angeführt:

»Der Damm von Pinay, 1711 gebaut, befindet sich 12 km
»unterhalb Roanne. Dieser Damm ist vereinigt mit
»den Felsen, die das Thal umringen, und verbunden mit
»den Resten einer Brücke, die von den Römern datirt;
»er verengt an dieser Stelle die Flussmündung bis zu
»20 m Breite; seine Höhe oberhalb dieser Mündung ist
»ebenso 20 m, und die Loire ist gezwungen, durch diese
»Enge selbst bei der gröfsten Wassermenge zu laufen.
»Der Einfluss des Dammes bei Pinay ist desto mehr be-
»merkenswert, als er laut Dokument des Reichsrates
»von 1711 nur zu dem besonderen Zweck gebaut wurde,
»um die Hochwasser zu vermindern und ihren rohen
»Verheerungen durch ein künstliches Hindernis entgegen
»zu treten, da die natürlichen Hindernisse unvorsich-
»tiger Weise in dem oberen Teile des Flusses durch
»Regulirung vernichtet waren. Der Damm von Pinay

»hat im letzten Monat Oktober seine Bestimmung glücklich
»erfüllt; er hat das Wasser bis zu 21,50 m Höhe über
»dem Fluss aufgehalten, hat in die Ebene von Forez
»den Abfluss einer Menge, die noch mehr als 100 Mill.
»cbm beträgt, verhindert; und die Flut hatte in Roanne
»ihre gröfste Höhe schon erreicht, als man noch 4 oder
»5 Stunden zur gänzlichen Füllung dieses Behälters
»brauchte. Wenn der Damm von Pinay nicht dage-
»wesen wäre, würde die Flut nicht allein viel eher in
»Roanne angekommen sein, sondern die Wassermenge,
»die die Ueberschwemmung verursachte, wäre um unge-
»fähr 2500 cbm in der Sek. vermehrt worden. Die Zeit
»der Ueberschwemmung wäre kürzer gewesen, und man
»schaudert vor dem Gedanken, dass ohne diesen Umstand
»das grofse Unheil, welches das Loirethal traf, noch ärger
»gewesen wäre. Ueberdies hat die Anhöhung des Wassers
»durch den Damm von Pinay nicht die geringste Störung
»hervorgerufen; im Gegenteil, die Fläche von Forez wird
»während vieler Jahre noch die fruchtbare Wirkung des
»Schlicks und Humus spüren, die das Wasser da nieder-
»gelegt hat. So war die Wirkung dieser Kunstbauten,
»welche eine weise Vorsorge für unsere Sicherheit gestiftet
»hat, die uns jetzt als Beispiel dienen kann. Aufserdem
»sind bei den Ursprüngen der Nebenflüsse noch eine
»Menge Stellen, wo die Erfahrung von Pinay billig könnte
»wiederholt werden, wenn diese Punkte nur gut gewählt
»würden und die Abfuhr der Wässer ohne Störung und
»mit möglichst grofsem Nutzen für den Landbau gehörig
»gemäfsigt würde.«

Ferner ist ermittelt worden, dass die Schäden der Ueberschwemmungen an der Loire durch wiederholte Durchbrüche
der Deiche sich auf etwa 262 Mill. Mark belaufen haben.

In betreff der Niederungen an der Weichsel und Nogat
ist durch Schlichting festgestellt, dass seit 500 Jahren mit
den jetzigen Durchbrüchen 103 Durchbrüche stattgefunden
haben, also regelmäfsig alle 5 Jahre ein Durchbruch, und
der Schaden beziffert sich jetzt auf etwa 300 Mill. Mark,

während der Wert der Niederungen nur etwa 225 Mill. Mark betragen soll. Also Sie sehen, m. H., dass dieses Schutzsystem der Niederung durch Dämme verhängnisvoll für den Staat werden kann, und dass man jetzt in Würdigung aller Erfahrungen nach Mitteln sucht, um einen möglichst vorteilhaften Rückzug anzutreten. Denn irgend eine Schädigung bei einem solchen Rückzuge muss eintreten, und der Staatsregierung liegt nun die schwere Frage vor: Bei welcher Art des Rückzuges wird ein möglichst geringer Schaden eintreten? Denn würde man in der bisherigen Weise die eingedeichten Gegenden schützen wollen, so kämen wir zu den Erscheinungen an der Loire; dort haben die Dämme immer mehr erhöht werden müssen, erst 5 m über Niedrigwasser und nachher 8 m, und doch haben sie nicht gehalten. Man muss solche Gegenden schliefslich aufgeben; es ist nicht mehr nutzenbringend, sie zu halten. Also das wollte ich heute nur nebenbei erwähnen, welche Mittel angewandt werden können, um in die Niederung die Wasser möglichst wenig nachteilig ablaufen zu lassen.

Was nun den eigentlichen Nutzen der Aufspeicherung des Wassers im Gebirge anbetrifft, so komme ich jetzt auf eine Gruppe von gröfseren Entwürfen, die augenblicklich im Wuppergebiet in Bearbeitung begriffen sind. Angeregt durch das Vorgehen von Remscheid hatten in der Wuppergegend verschiedene Industrielle sich vereinigt und traten mit der Frage hervor: Wie können wir in unserem Gebiete die Wassermassen aufspeichern und nutzbar machen? Infolge dessen sind gegenwärtig nach den stattgefundenen Vorverhandlungen 3 grofse Entwürfe im gange.

In den rot angelegten Flächen der ausgehängten von Dechen'schen Karte sind die Niederschlagsgebiete dargestellt, um deren Ausnutzung es sich hier handelt. Ich fürchte, Ihre Geduld zu sehr in Anspruch zu nehmen, wenn ich das zu weit ausdehnen wollte. Ich muss mich also hier kurz fassen und auf verschiedene gedruckte Berichte verweisen, welche in den letzten Monaten herausgekommen sind, und von denen einige hier zur Verfügung stehen.

Die Untersuchungen und genauen Vermessungen haben folgendes ergeben. Es lassen sich in den Quellgebieten der Wupper ganz vorzügliche Sammelbecken anlegen, die einen grofsen Inhalt bei verhältnismäfsig geringen Kosten gewähren. Ich darf in Zahlen erwähnen, dass solche Sammelbecken, in Frankreich, in Spanien und in anderen Ländern ausgeführt, für 1 cbm Inhalt in günstigen Fällen mindestens einige 30 Pfg., ja bis zu 92 Pfg. gekostet haben. Wenn ich Ihnen jetzt die Zahlen für dieses Gebiet nenne, wo wir zwischen 13 und 20 Pfg. für 1 cbm Inhalt solche gröfsere Becken schaffen können, so werden Sie erkennen, wie günstig hier die Verhältnisse liegen. Es sind hier auch ganz bedeutende Niederschlagsgebiete, die zufällig in diesen Gegenden abgesperrt werden können, und die Städte Barmen und Elberfeld haben grofses Interesse an der Verbesserung der Wasserverhältnisse der Wupper. Auf einer der ausgehängten Zeichnungen ist das Niederschlagsgebiet der Wupper bis Dahlhausen, etwa 220 qkm, hervorgehoben, die Wasserablaufmengen und Niederschlagsmengen für dieses Niederschlagsgebiet dargestellt; sie sind ganz unabhängig von meinen Beobachtungen aufgenommen, eine sehr verdienstvolle Arbeit des Baumeisters Albert Schmidt in Lennep, der viele Jahre hindurch täglich 3 mal mit Rücksicht auf die Bedürfnisse der Industrie hier Messungen vorgenommen hat. Das Wasser ist ja nicht ununterbrochen gemessen; aber da es sich hier um grofse Niederschlagsgebiete handelt und die plötzlichen Schwankungen wegen eines recht grofsen Ausgleichweihers oberhalb des Dahlhausener Wehres nicht so kräftig sind, so liefern die Darstellungen, die ich aus den Beobachtungen des Hrn. Schmidt abgeleitet habe, fast dasselbe Gesammtergebnis, welches wir durch unsere Messvorrichtung gefunden haben, nämlich: $77^1/_2$ pCt. Abfluss vom Niederschlag, und eine noch gröfsere Abflusshöhe, als wir beobachtet haben, nämlich: 760 mm in 8 Monaten.

Es sind ferner die Quellgebiete der Wupper dargestellt, welche hier 2 Zuflüsse hat, die eigentliche Wipper und den Brucher Bach. Sie sehen, m. H., dass ein ganz aufserordent-

lich günstiges Thal sich hier gerade darbietet, ein sehr lang
und breit gestrecktes Thal mit einer aufserordentlich engen
Einschnürung, so dass mit einer verhältnismäfsig kleinen
Mauer von etwa 17 m Höhe das grofse Becken von etwa
3 Mill. cbm Inhalt abgesperrt werden kann. Hier liegen die
Verhältnisse so günstig, dass man sogar aus einem zweiten
Thal eine Ableitung des Wassers durch einen Kanal vorneh-
men und das Wasser auch in dieses Becken hineinführen kann.
Es ist nicht nötig, das Wasser gerade dort zu sammeln, wo
es zuläuft, sondern man kann durch besondere Kanäle das
Wasser an Punkte führen, wo man es verhältnismäfsig am
billigsten aufspeichern kann. Einen ganz ähnlichen Fall
haben wir bei einem neulichen Ausflug nach den Vogesen
ausgeführt gefunden. Also das sind die beiden Niederschlagsgebiete an den Quellen der Wipper (oberer Teil der Wupper),
zusammen etwa 6 qkm grofs. Dann kommt hier ein sehr
grofses Niederschlagsgebiet von 22 qkm des Beverthales, dann
von 13 qkm des Uelfethales, macht zusammen etwas über
40 qkm Zuflussgebiet, die wir durch diese 3 Becken absperren
können, von einem gesammten Niederschlagsgebiete der Wupper
von 220 qkm bei Dahlhausen oder 330 qkm bei Barmen.

Es können also, wie Sie sehen, 12 pCt. des Niederschlagsgebietes bei Barmen abgesperrt werden. Wenn man nun bedenkt, dass in der Nähe der Quelle die Abflussmengen verhältnismäfsig viel gröfser und mächtiger sind als weiter unterhalb,
so ergiebt sich, dass nicht mit diesem Prozentsatz das abge-
sperrte Niederschlagsgebiet seiner Einwirkung nach in frage
kommt, sondern weit höher; vielleicht wird hier eine Verminderung des Hochwassers bei Barmen um 20 pCt. durch
Absperrung dieser 3 Niederschlagsgebiete zu erzielen sein.
Diese spätere Verminderung des Hochwassers von 20 pCt. ist
von Bedeutung, da umgekehrt die jetzige Anschwellung um
diese 20 pCt. wiederholt verhängnisvoll für die Städte
Barmen und Elberfeld gewesen ist. Wir haben es jetzt
wiederum im Juli erlebt, dass in den Städten durch Ueberflutung aufserordentlicher Schaden eingetreten ist. Schneidet
man nur die Gipfel solcher Anschwellungen ab, so ist schon
ein bedeutender Nutzen erzielt.

Der Einwand der Gegner solcher Wasseransammlungen ist gewöhnlich: Wie kann man die ganzen Hochwassermassen in einzelnen kleinen Becken absperren wollen! Das wäre allerdings verfehlt; wer das wollte, würde sich lächerlich machen. Aber Sie werden zugeben müssen: wenn wir die Gipfel der Anschwellungen etwas verringern können, so ist der Nutzen, den wir schaffen, auch schon sehr bedeutend, abgesehen von dem Gesichtspunkte, von dem zunächst immer ausgegangen werden soll: Wir wollen durch das angesammelte Wasser einen bestimmten Nutzen schaffen! Was diesen Nutzen für das Wupperthal betrifft, so ist festgestellt, dass für dessen reich entwickelte Industrie zunächst etwa 1000 Pfkr. gewonnen werden.

Welche Bedeutung solche Aufspeicherung besitzen kann, möchte ich auch sonst noch durch ein paar Zahlen erläutern.

Der durchgearbeitete Entwurf für die Thalsperre im Eschbachthale bei Remscheid hat auf grund von Messungen ergeben, dass reichlich Wasser vorhanden ist, sowohl für die Stadt als auch für die Werkbesitzer. Wenn die Stadt das Wasser nehmen wollte, musste sie den Werkbesitzern einen Ersatz bieten. In baarem Gelde wäre das sehr teuer geworden; die Stadt bot also Ersatz wiederum in Wasser. Nach der Feststellung einer Abflussmenge aus dem Eschbachthale von 4 bis 5 Millionen cbm jährlich ist das Wasser hierzu unzweifelhaft vorhanden. Es sind im ganzen Jahre für die Werkbesitzer und für die Stadt, wenn man die ungünstigsten Verhältnisse für den Bedarf nach 25 Jahren zu grunde legt, etwa 3 Millionen cbm nötig. Man konnte also ohne Bedenken den Werkbesitzern täglich 6000 cbm bieten, während die Stadt täglich 3- bis 4000 für sich nötig hat. Nun kann durch die Aufspeicherung im Thalbecken das Wasser mit der Kraft, die in ihm steckt, für die Stadt ausgenutzt werden, und da stellt sich das Verhältnis so günstig, dass die jetzt vorhandene und durch Dampf getriebene Pumpstation in den ersten Jahren vollständig stillgelegt werden kann, dass man durch diese Aufspeicherung und durch

Turbinenanlagen das sämmtliche Wasser, welches die Stadt in den nächsten Jahren nötig hat, vielleicht für 6 bis 8 Jahre ausreichend, sich durch diese Turbinen in die Stadt hinaufpumpen kann. Diese Leistung, durch Dampf ausgeführt, würde etwa jährlich 22 000 $\mathcal{M}$ kosten. Man könnte also, wenn man diese Kosten für Kohlen, Schmiermaterial und Bedienung erspart, dafür ein Kapital von etwa 450 000 $\mathcal{M}$ anlegen. Die ganze Anlage hier wird etwa 400 000 $\mathcal{M}$ kosten; also schon die Ersparung an Betriebskraft, die in dem Aufstau und in dieser Aufspeicherung des Wassers liegt, giebt der Stadt sofort einen ausreichenden Nutzen für die ganze Anlage. Und nun kommt der grofse eigentliche Nutzen hinterher, dass die Stadt nämlich bis zu 4500 cbm täglich aus dem Wasserbecken entnehmen kann; höchstwahrscheinlich wird sie nur 3000 gebrauchen. Die Stadt verkauft jetzt ihr Wasser zu 30 Pfg. für 1 cbm; aber Wasser ist ein so grofses Bedürfnis für Remscheid, dass die Industrie es zu billigerem Preise haben muss. Remscheid und die umliegenden Orte entwickeln sich so schnell trotz ungünstiger topographischer Verhältnisse, dass man alles thun muss, um billiges und gutes Wasser zu schaffen. Wenn also vielleicht für 15 Pfg. das Wasser an die Industrie abgegeben wird, während die Hausbesitzer 30 Pfg. bezahlen, so sehen Sie, um welche bedeutenden Summen es sich hier handelt. Aus dem Wasser kann die Stadt, wenn alles ausgenutzt wird, jährlich 100- bis 150 000 $\mathcal{M}$ baren Nutzen ziehen, während schon durch die erzielte Kraftleistung die ganze Anlage verzinst wird. Das wollte ich nur erwähnen der Behauptung gegenüber, dass man durch den Aufstau des Wassers in Thalbecken nicht viel Nutzen haben könne.

Vielleicht interessirt es Sie, m. H., zu erfahren, wie den mancherlei Bedingungen entsprechend das Wasser verteilt werden soll. Die Stadt soll mit reinem Wasser versorgt werden. Das Wasser ist selbst bei Hochwasser vollständig klar; auch die chemische Analyse hat sehr reines weiches Wasser ergeben. Trotzdem soll das Wasser zur Vorsicht durch ein Filter gehen. Es wird daher ein Höhenunterschied

von etwa 1 m zwischen dem Wasserspiegel über dem Filter
und dem Wasserspiegel im Filterturm beim Ablassen aus
dem Filterturm eintreten. Mit diesem Druck wird das
Wasser durch die Filtermassen in den Filterturm gedrückt;
von hier kommt es durch eine besondere Leitung in die
Pumpstation. Man nutzt hier zunächst die Kraft des Wassers
durch eine Turbine aus und lässt es dann in den Pump-
brunnen der jetzigen Pumpanlage laufen. Das Wasser der
Thalsperre soll mit dem Stollenwasser der jetzigen Wasser-
gewinnung gemischt werden, damit beide Druckzonen der Stadt
Remscheid mit demselben Wasser versorgt werden. Remscheid
liegt nämlich zum teil 180 m hoch über der Pumpstation; ich
habe bewundern müssen, wie eine Bevölkerung sich hier hat
festsetzen, eine mächtige Industrie sich hat entwickeln können.
Bis jetzt wird also sämmtliches Wasser für die Stadt
180 m hoch hinaufgepumpt. Nach Ausführung der Thalsperre
werden zwei Zonen gebildet, eine obere und eine untere, um
nicht alles Wasser unnütz auf den Berg hinaufzupumpen.
Den Werkbesitzern ist nun das Recht eingeräumt, täglich
6000 cbm Wasser aus der Thalsperre zu bekommen. Diese
Abgabemenge muss sich selber regeln; deshalb ist eine be-
wegliche Vorrichtung mit Ueberlauf schwimmend zwischen
2 Pontons so angeordnet, dass eine bestimmte Menge über
den Rand läuft und sich durch ein Rohr hindurch nach einer
zweiten Turbine ergiefst, durch welche man dem Wasser erst
die Kraft nimmt, bevor man es den unterhalb der Pumpstation
liegenden Werkbesitzern abgiebt.

Auf diese Weise schaffen wir 75 bis 80, gebotenenfalls
90 Pfkr. durch das aufgestaute Wasser aus dem Becken, und
diese Pferdekräfte werden nutzbar gemacht zum Hinaufpumpen
einer entsprechenden Wassermenge in die Stadt. Wir geben
das weniger gute, d. h. das Oberflächenwasser, auf diese Weise
den Werkbesitzern, und das reinere kühlere Wasser, welches
zum gröfsten Teil bei kleinem Wasser unmittelbar durch geschlossene Rohrleitungen von den Quellen des Thales auf die
Filterfläche geleitet wird, von der Sohle des Beckens filtrirt
der Stadt zur Benutzung. Jedes unnütze Verweilen des

5*

Wassers für die Stadt im Sammelbecken und jede unerwünschte Vermischung dieses reinsten Wassers mit dem älteren angesammelten Wasser wird auf diese Weise verhindert. Ferner hat die Stadt sich noch in besonderer Weise durch einen Vertrag mit sämmtlichen Werkbesitzern gesichert, etwas unerhörtes, wie man mir sagte, dass man 26 Werkbesitzer durch einen Vertrag unter einen Hut gebracht hat, was bei den bisher unter den Werkbesitzern des Wassers wegen vorkommenden Reibereien doch einige Schwierigkeiten gemacht hat, aber die Stadt giebt den Werkbesitzern die 6000 cbm täglich in Wasser, statt sie in barem Gelde zu bezahlen, und deshalb waren sie bald zufrieden. Sobald nämlich der Wasserspiegel zu tief gesunken sein sollte, hat die Stadt sich das Recht gewahrt, das dann noch aufgespeicherte Wasser allein zu benutzen. Deshalb setzt bei diesem Wasserstand der Schwimmereinlauf sich fest. Der Einlauf des Wassers hört bei weiter sinkendem Wasserspiegel für die Werkbesitzer auf, und was jetzt noch da ist, bekommt die Stadt allein durch die Filteranlage und den Filterturm. Sie sehen, wenn man sich mit der Frage näher befasst, sind aufserordentliche Vorteile nach vielen Richtungen hin zu schaffen.

Aufser dem schon hervorgehobenen Nutzen solcher Anlage im allgemeinen wäre insbesondere für Barmen-Elberfeld noch die Reinigung der Wupper bedeutsam. Nicht blos für die Wasserversorgung, sondern auch für die Textilindustrie ist die Reinigung des laufenden Wassers notwendig. Wir sehen in der Wupper das Wasser oft schwarz wie Tinte. Die Industriellen mancher Orte sind oft genötigt, anderswohin zu ziehen, wo reines Wassers ist, um ihre Spüleinrichtungen usw. unterhalten und gute Ware liefern zu können; oder sie sind genötigt, durch kostspielige Wasserversorgung Ersatz für das verdorbene fliefsende Wasser zu suchen. Wenn man also in dieser Beziehung, wie der Bergische Bezirksverein mit Recht betont, es als einen Hauptzweck hinstellt, durch die Anlagen von Thalsperren und Wasserbecken die Wasserläufe rein zu halten, so ist das gewiss ein grofser Nutzen. Gestatten Sie mir in dieser Beziehung einige Zahlen anzuführen. Die

Wupper bei Barmen-Elberfeld führt jetzt sekundlich etwa 0,6 cbm bei Niedrigwasser. Wir können sekundlich etwas über 2 cbm, wenn man Tag und Nacht laufen lässt, und über 4 cbm beständig bei Niedrigwasser aus den Thalbecken liefern, wenn man nur am Tage laufen lässt. Das ist eine ganz bedeutende Erhöhung, von grofser Wichtigkeit für die genannten Städte und alle Anwohner der Wupper.

Wir werden, wie ich schon bemerkte, z. t. auch die Schädigungen durch das Wasser für die nächstgelegenen Gegenden mildern, weil wir die Kraft des Wassers brechen, die an den Ufern in der Nähe des Gebirges, an den Gebäuden, Bauwerken und Wehren fortwährend, gerade im Gebirge, ganz aufserordentliche Verwüstungen anrichtet. Wir können ferner wie das hier z. B. im Bergischen möglich ist, bei dem hohen Gefälle, also bei dem hohen Druck von 200 m und mehr, in geschlossenen Rohrleitungen mit verhältnismäfsig wenig Wasser eine aufserordentliche Leistung für das Kleingewerbe schaffen, oder man kann mit dem Hochdruck für elektrische Anlagen die Triebkraft liefern und würde z. B. mit $\frac{1}{2}$ ltr in 1 Sek. schon 1 Pfkr. schaffen können. Es stehen aber 2 bis 4 cbm (also 2000 bis 4000 ltr) i. d. Sek. zur Verfügung; wenn daher nur ein Teil dieser gewaltigen Wassermassen durch geschlossene Rohrleitung heruntergeführt wird, so kann man hierdurch grofsen Nutzen schaffen, da man z. B. im stande ist, je nach der Ausdehnung des Rohrnetzes für die Verteilung der Kraft, für 1 bis 2 Pfg. 1 Pfkr.-Stunde dem Kleingewerbe zu liefern. Das ist eine Zahl, die im Vergleich mit den jetzt noch für die Motoren des Kleingewerbes aufgewandten Ausgaben doch wohl zu denken giebt. Ferner wäre noch zu berücksichtigen, dass man für die Bewässerung von Landbezirken ebenso wie für die Städte — und hier sind es die nächstgelegenen Städte auf der Höhe, die man aus der Tiefe heraus durch Turbinenanlagen mit Wasser versorgen wird — vorzügliches und billiges Wasser liefern kann.

In einer am 23. März d. J. in Lennep unter dem Vorsitze des Hrn. Landrat Königs abgehaltenen Versammlung, an welcher etwa 90 Industrielle und etwa 20 sonstige Interessenten des Wupperthales teilnahmen, wurden nach Erläuterung der genannten Entwürfe und der vorläufigen Erhebungen über die Kosten und den Nutzen der Anlagen folgende Beschlüsse gefasst:

> »Die Versammlung erkennt einstimmig den »grofsen Nutzen der Anlage von Thalsperren »im Gebiete der Wupper und die Ausführung »der vorgelegten drei Projekte im Brucher-, »Bever- und Uelfethale als dringend wünschens- »wert an«.

Die Versammlung beschloss nunmehr, sofort mit den Vorarbeiten für alle drei Thäler vorzugehen und wegen Verteilung der Vorarbeitskosten in Beratung zu treten. Diese Kosten sind für die drei Entwürfe zusammen auf 18000 $\mathcal{M}$ veranschlagt und werden selbstredend bei Zustandekommen der Genossenschaft von dieser übernommen werden.

Diese Kosten von 18000 $\mathcal{M}$ für die Ausführung der Vorarbeiten sind sofort in der Versammlung um 7 pCt. von den Beteiligten überzeichnet worden. Also Sie sehen, es sind nicht leere Worte; man ist sofort zur That übergegangen. Dann wurde aber weiter wegen der Ausführung verhandelt. Es wurde ein ausführender Ausschuss gewählt, bestehend aus den Herren: Landrat Königs zu Lennep als Vorsitzendem, Philipp Barthels zu Barmen, Fritz Hardt zu Lennep, Gustav Schlieper zu Elberfeld, Eugen Buchholtz zu Rönsahl, Baumeister Schmidt zu Lennep, P. Cremer zu Küppersteg.

Der Vorsitzende stellte darauf die Befürwortung eines Gesetzes zur Verhandlung, welches die Möglichkeit gewähren soll, für die Anlagen von Thalsperren öffentliche Genossenschaften mit Beitrittszwang zu bilden.

Das Gesetz vom 1. April 1879 lässt diesen Beitrittszwang für Ent- und Bewässerungsgenossenschaften zu, vorausgesetzt, dass das Unternehmen Zwecke der Landeskultur verfolgt und die Mehrheit der bei dem Unternehmen beteiligten Grundbesitzer sich dafür erklärt hat.

Auf diese Weise sind die zahlreichen Wiesengenossen-schaften ins Leben gerufen worden, welche allen Beteiligten zum gröfsten Vorteil gereichen.

Für die Errichtung von Thalsperren erscheint die Bildung öffentlicher Genossenschaften mit Beitrittszwang aber noch weit notwendiger, weil bei diesen die Interessen viel mannig-faltigere sind und die Anlagen erheblich gröfsere Kosten er-fordern.

Sobald durch den gesetzlich statuirten Beitrittszwang für diese Anlagen die Bildung einer öffentlichen Genossenschaft ermöglicht wird, können die erforderlichen Gelder von der Genossenschaft als solcher zu einem billigen Zinsfufs aufge-nommen und allmählich amortisirt werden, so dass hierdurch namentlich den weniger bemittelten Werkbesitzern die Be-teiligung wesentlich erleichtert wird.

Hr. Regierungs - Präsident Freiherr von Berlepsch, welcher wiederholt Veranlassung genommen hatte, sein grofses Interesse für die vorliegende Frage zu bethätigen, erklärte, dass auch er seinerseits die Notwendigkeit einer Erweiterung des Wassergenossenschafts - Gesetzes in der angedeuteten Weise anerkenne, und dass er und die Königliche Regierung zu Düsseldorf gern bereit seien, an dem Entwurfe eines derartigen Gesetzes mitzuwirken. Zu dem Zwecke ersuchte er, das Kartenmaterial und die anderen zur Beurteilung der Sachlage notwendigen Unterlagen der Königlichen Regierung einzusenden.

Die Versammlung begrüfste die Ausführungen des Hrn. Regierungs-Präsidenten mit lebhafter Freude und sprach ihm für sein dem vorliegenden Plane von Anfang an entgegenge-brachtes Interesse den einmütigen Dank aus.

Bei der darauf folgenden Abstimmung erklärte sich die Versammlung einstimmig für den Erlass eines Gesetzes, welches für die Anlage von Thalsperren die Bildung öffentlicher Genossenschaften mit Bei-trittszwang nach Analogie der für Ent- und Be-wässerungs-Genossenschaften bestehenden Bestim-mungen zulässt.

Daraufhin, nachdem der Ausschuss gebildet war, wurden die Vorarbeiten sofort in gang gesetzt. Da in diesem Falle mit möglichster Beschleunigung gearbeitet werden soll, um die immer mehr hervortretenden Mängel zu beseitigen und den möglichen grofsen Nutzen den Mitgliedern möglichst schnell zu gewähren, wurde in der ersten Ausschusssitzung in Lennep beschlossen, einen von mir vorgeschlagenen Ausflug nach den Vogesen zu machen. Gestatten Sie mir, ganz kurz mitzuteilen, was in den Vogesen uns gezeigt worden ist, und welche Ansichten die Herren von dort mitgenommen haben.

In den Vogesen hat man, wie ich bereits 1883 bei meiner Bereisung des Ueberschwemmungsgebietes des Rheines erfuhr, schon längst solche Anlagen vorbereitet. Es sind dort jetzt mehrere Sammelteiche ausgeführt und dem Betriebe übergeben. Man hat in den Reichslanden im Stillen seit längerer Zeit emsig gewirkt, weil die Vorbereitungen einen grofsen Umfang haben, Mühe und Geld erfordern, und weil nichts derart vorlag; denn aus der französischen Zeit waren zuverlässige Messungen und Untersuchungen nicht vorhanden. Jetzt aber geht man mit aller Thatkraft vor, und wir konnten durch das liebenswürdige Entgegenkommen des Herrn Unterstaatssekretär von Schraut und des Herrn Ministerialrat Fecht verschiedene Thalsperrenbauten zum teil fertig, zum teil in der Ausführung begriffen sehen. Es handelt sich um mehrere Millionen Mark, die hier gegenwärtig angelegt werden, und die Landesvertretung hat ein so lebhaftes Interesse für diese Aufgabe, dass nicht nur das, was die Regierung verlangt, bewilligt wird, sondern, wie in diesem Jahre, noch darüber hinaus 400000 $\mathcal{M}$ für Meliorationszwecke der Regierung zur Verfügung gestellt sein sollen. Nachdem wir in solcher Art Besichtigungen an Ort und Stelle vorgenommen hatten, war ich in der Lage, als Einleitung zu dem Reisebericht in der Versammlung des Thalsperrenausschusses der Wupper am 20. Juni d. J. in Marienheide folgendes sagen zu dürfen:

»Wie bereits hervorgehoben, wurde die Kommission noch an demselben Abend ihrer Ankunft in Strafsburg durch den

Herrn Unterstaatssekretär von Schraut sowie den Herrn
Ministerialrath Fecht mit den dortigen weittragenden Melio-
rationsplänen bekannt gemacht und speziell über die Thal-
sperrenausführungen und Projekte in den Vogesenthälern
näher unterrichtet.

Auch sonstige wasserbauliche Arbeiten, wie die Regulirung der Ill, kamen hier zur Sprache und zeigten nicht nur,
mit welchem Eifer man im Ministerium von Elsass-Lothringen
bestrebt ist, auf diesem Teile des wirtschaftlichen Gebietes
dem Lande grofse Wohlthaten zu erweisen, sondern auch,
welch grofses Verständnis die Landesvertretung durch Be-
willigung reichlicher Mittel diesen Unternehmungen entgegen-
bringt. Mich als Techniker musste es besonders freuen, wie
hier überall der Grundsatz durchleuchtet, das Wasser erst
gebändigt nach Verrichtung nutzbringender Leistungen
in die tiefer liegenden gröfseren Flussgebiete abfliefsen zu
lassen.

Ich darf hier aber wohl einfügen, dass, wenn man die
Wärme und das begeisterte Interesse der leitenden Persönlich-
keiten im Ministerium für diese kulturhistorischen Arbeiten
beobachtete, man sich sagen musste, hier werden die Fäden
gesponnen, welche, an die Herzen der Bevölkerung am leich-
testen anknüpfend, sie dem deutschen Vaterlande am sichersten
voll und ganz wieder gewinnen können. . . . . .«

Das ist der Eindruck gewesen, den wir gehabt haben;
das ist auch, wie die Herren aus den Worten des Fürsten
Statthalters entnehmen werden, der Gedanke der Kaiserlichen
Regierung gewesen.

Am 10. Juni sagte nämlich der Kaiserliche Statthalter
Fürst v. Hohenlohe auf einem Festessen in Mülhausen:

»Ich danke Herrn Schlumberger für seine freundliche
Begrüfsung, die ich mit den herzlichsten Wünschen für das
Gedeihen der Stadt Mülhausen beantworte. Herr Schlumberger hat in seiner Rede das politische Gebiet leise gestreift;
ich glaube daher mit einigen Worten darauf eingehen zu
sollen. Wenn eine Nation ein Land erobert oder wieder-
gewinnt, so will sie es auch behalten. Sie ergreift daher

alle Maſsregeln, um ihren Besitz zu sichern. Diese Maſsregeln sind um so schärfer, je lebhafter sich das Bestreben
des Nachbars geltend macht, wieder in den Besitz des ver-
lorenen Landes zu gelangen. So sind wir schrittweise zum
Passzwang gekommen, auf den Herr Schlumberger angespielt
hat. Der Passzwang wird aufhören, wenn wir seiner nicht
mehr bedürfen, um unseren Besitz zu sichern. Andere Maſsregeln werden folgen, um, wie kürzlich ein bekanntes Blatt
gesagt hat, Elsass-Lothringen dauernd von Frankreich abzu-
ziehen und uns näher zu bringen. Diese Maſsregeln dürfen
aber, um diesen Zweck zu erreichen, nicht dem Gebiete der
Polizei, sondern sie müssen dem der wirtschaftlichen Interessen
entnommen werden. Die Fahrt, die wir morgen machen
werden, um ein groſsartiges und für Oberelsass nütz-
liches Werk kennen zu lernen, giebt Ihnen ein
Beispiel. Andere Werke dieser Art werden sich
daran reihen; ich erinnere an den Ludwigshafener Kanal,
und ich würde noch mehr Beispiele anführen, wenn ich nicht
befürchten müsste, dem Vorstande der dritten Abteilung des
Ministeriums die Freude zu verderben, das Land mit manchem
nützlichen Projekte auf diesem Gebiete zu überraschen. Das
sind dauernde Maſsregeln, die wir getroffen haben,
und die wir weiter ins Werk setzen werden, um
dem Lande zu beweisen, dass es unter deutscher
Herrschaft gedeihen wird. In diesem Sinne lassen Sie
uns trinken auf das Wohl von Elsass-Lothringen und auf das
Gedeihen der Stadt Mülhausen.«

Und dahinter ist in dem betreffenden Zeitungsberichte
bemerkt:

»Heute hat sich der Fürst v. Hohenlohe nach Masmünster
begeben, um das groſsartige Wasserbecken der Doller oberhalb Sewen in Augenschein zu nehmen. An den festlich ge-
schmückten Bahnhöfen hatten die Behörden, Geistlichen und
Schulen Aufstellung genommen, um den Statthalter zu be-
grüſsen; die Ortschaft Sewen gab ihrer Dankbarkeit für die
Anlage des Sammelbeckens, die ihren Wohlstand merklich
gehoben hat, durch besonders reichen Festschmuck Ausdruck.«

M. H., Sie sehen also, dass man hier nicht mehr bei Entwürfen stehen geblieben, sondern zu Thaten übergegangen ist, und ich hoffe, dass es mir gelungen ist, Ihnen zu beweisen, dass auch für unser engeres Vaterland die Ausführung solcher Anlagen nur segenbringend wirken kann, und dass, wenn das angestrebte Zwangsgesetz geschaffen wird, welches die Hindernisse über den Haufen wirft, welche einzelne nach der jetzigen Gesetzgebung noch zu bereiten in der Lage sind, in all den Gebieten, die ich zunächst genannt habe, — und viele andere werden noch folgen — in grofser Zahl solche Sammelbecken zum Nutzen unseres Vaterlandes wohl bald erstehen werden.«